Schnellmethoden der Kern- und Chromosomenuntersuchung

Von

Prof. Dr. **Lothar Geitler**

Wien

Mit 13 Textabbildungen

Dritte, umgearbeitete und erweiterte Auflage

Wien

Springer-Verlag

1949

ISBN-13: 978-3-211-80089-8   e-ISBN-13: 978-3-7091-5056-6
DOI: 10.1007/978-3-7091-5056-6

Alle Rechte, insbesondere das der Übersetzung
in fremde Sprachen, vorbehalten.

Copyright 1942 by Gebrüder Borntraeger in Berlin-Zehlendorf, and
1949 by Springer-Verlag in Vienna.

Softcover reprint of the hardcover 3rd edition 1949

Aus dem Vorwort zur ersten Auflage

Dank ihrer engen Verknüpfung mit der Vererbungslehre und züchterischen Praxis wie auch mit anderen biologischen Teilgebieten kommt der Chromosomenforschung über den engeren Kreis der auf diesem Gebiet tätigen Forscher hinaus allgemeineres Interesse zu. Es ist daher begreiflich, daß auch auf anderen Gebieten arbeitende Forscher und biologisch interessierte Laien den Wunsch besitzen, sich mit Chromosomenuntersuchungen zu beschäftigen. Dem steht oft der Umstand hinderlich entgegen, daß eine kurze und umfassende technische Anleitung fehlt. Vielfach findet man auch die Vorstellung, daß für derartige Untersuchungen die Beherrschung zahlreicher komplizierter und zeitraubender Methoden und vielerlei Behelfe nötig sind. Auch die üblichen technischen Leitfäden enthalten eine Unzahl von Angaben über Fixierung, Färbung u. a. m.; dies sind Überbleibsel aus vergangenen Tagen. Die moderne Kernforschung strebt im Gegenteil dahin, mit wenigen Universalmethoden auszukommen, deren Wirkung klar definiert ist.

Der Wert der neuen Methoden liegt, abgesehen von der Ermöglichung einer einwandfreien Kernuntersuchung überhaupt, darin, daß sie sehr wenig zeitraubend sind; viele Ergebnisse der letzten Jahre konnten allein dank der Schnelligkeit der Methoden, also der Untersuchungsmöglichkeit eines sehr großen Materials gewonnen werden. Dies ist auch von didaktischer Bedeutung, da der Anfänger dadurch in die Lage versetzt wird, in kurzer Zeit verschiedene Objekte zu untersuchen und sich die nötige Kritik anzueignen.

Die im folgenden gegebene Anleitung ist in dieser Hinsicht erschöpfend, d. h. sie ermöglicht es, brauchbare Kernuntersuchungen an beliebigen niederen oder höheren Pflanzen und Tieren durchzuführen; für andere cytologische Problemstellungen rein histologischer und organographischer Natur sind die Methoden allerdings nur beschränkt verwendbar, und es muß dann oft auf die gewohnte Mikrotomtechnik zurückgegriffen werden.

Um eine möglichste Kürze der Darstellung zu erreichen, wird die Handhabung des Mikroskops, die Zeichentechnik und anderes, was zum gewöhnlichen Rüstzeug gehört, als bekannt vorausgesetzt; nur an einzelnen Stellen schienen Hinweise in dieser Richtung angezeigt. Ebenso konnte auf die theoretischen Grundlagen der Kern- und Chromosomenforschung nicht eingegangen werden. Ferner blieben historische Schilderungen und Literaturnachweise im allgemeinen weg; an dieser Stelle sei hervorgehoben, daß die Schnellmethodik besonders von BELAR, BELLING, DE MEIJERE, DARLINGTON, HEITZ, SCHNEIDER u. a. begründet und ausgebaut wurde.

Es ist im übrigen selbstverständlich, daß nicht sämtliche jemals beschriebenen Modifikationen und Anwendungsmöglichkeiten der Methoden geschildert werden können; es soll vielmehr nur ein Grundstock von praktischen Kenntnissen vermittelt werden, den dann jeder einzelne nach seinen Zielen und Neigungen ausbauen kann.

Wien, im Dezember 1939.

Vorwort zur dritten Auflage

Die vorliegende Auflage wurde um den neuen Abschnitt der Hinweise auf besonders geeignete Objekte erweitert, es wurden einige Zusätze eingefügt und die Zahl der Abbildungen wurde von 8 auf 13 erhöht. Von der Schilderung einiger neuer Modifikationen der Methodik wurde Abstand genommen, da sie unwesentlich und entbehrlich sind.

Dem Herrn Verleger sei für seine umsichtige Wirksamkeit herzlich gedankt!

Wien, im Juli 1949.

Inhaltsverzeichnis

	Seite
Vorwort	III
Einleitung	1
I. Die Karminessigverfahren	2
1. Allgemeines	2
2. Herstellung von Karminessigsäure und Alkohol-Eisessig	2
3. Richtlinien für die Präparation	3
4. Anwendung von KE. allein	4
5. Untersuchung der Speicheldrüsenchromosomen der Dipterenlarven	6
6. Anwendung von KE. in Verbindung mit AE.	8
a) Ausstriche	8
b) Untersuchung der frühen Stadien der Pollenreifung	10
c) HEITZsche Kochmethode für Gewebe	10
d) Anwendung in anderen Fällen	12
7. Untersuchung von aufbewahrtem Material	12
8. Dauerpräparate	13
9. Vorteile und Grenzen der KE.-Verfahren	16
10. Spiralbau der Chromosomen	18
II. Die Osmiumtetroxydverfahren	20
1. Allgemeines	20
2. Vorbehandlung mit OsO_4-Dämpfen	21
3. Fixierung	22
4. Färbung	22
a) Vorbereitung	22
b) Safranin-Lichtgrün	23
Herstellung	23
Anwendung	24
Einbettung	24
c) Gentianaviolett nach GRAM	25
d) Modifikation der Gentianaviolett-Färbung	26
5. Vorteile und Grenzen der Osmiumtetroxydverfahren	26
III. Die Nuklealquetschmethode nach HEITZ	27
IV. Untersuchungsobjekte	28
1. Vorbemerkungen	28
2. Höhere Tiere	29
a) Mitose	29
b) Meiose	29
3. Höhere Pflanzen	30
a) Mitose	30
b) Meiose	31
4. Protisten	31
Anhang: Lebenduntersuchung	32
Beschluß	35

Einleitung

Grundsätzlich lassen sich Kerne und Chromosomen sowohl im Leben wie nach Fixierung und Färbung untersuchen. Die Lebenduntersuchung ist allerdings nur unter günstigen, durch das Objekt gegebenen Voraussetzungen möglich und auch dann nur bei Verfolgung besonderer Absichten sinnvoll, da fixierte und gefärbte Kerne und Chromosomen sich im allgemeinen besser untersuchen lassen. Die Veränderungen, welche Kerne und Chromosomen bei der Fixierung erleiden, sind heutzutage hinlänglich bekannt, so daß sie als Fehlerquellen bei der Untersuchung kaum mehr in Frage kommen. Der Vergleich von lebendem mit richtig fixiertem Material hat zudem ergeben, daß die sogenannten „Fixierungsartefakte" sehr geringfügig sind (Abb. 1). Wo dennoch Zweifel bestehen (z. B. bei der Beurteilung von Ruhekernstrukturen), kann wohl immer an irgendeinem Teil des Tieres oder der Pflanze zum Vergleich eine Lebenduntersuchung vorgenommen werden. Es ist dabei aber darauf zu achten, daß die untersuchten Zellen wirklich leben und nicht geschädigt sind; man untersuche also unter allen Vorsichtsmaßregeln (besonders vermeide man Druck!) in der körpereigenen Flüssigkeit, in isotonischem oder indifferentem (z. B. Paraffinöl) Medium und verwende als Kriterium für die Lebendigkeit Plasmaströmung, ablaufende Mitose usw. (vgl. den Anhang).

Ein unter allen Umständen gleich gut wirkendes Fixierungsmittel gibt es nicht. Auch sogenannte „gute" Fixierungsmittel wirken nur dann richtig, wenn sie in die lebenden Zellen plötzlich, also unverdünnt, eindringen können; sie versagen also im Innern dicker Gewebe und an einzelnen Zellen dann, wenn diese von undurchlässigen Membranen umgeben sind. Deshalb nimmt man z. B. die Untersuchung der Meiose bei höheren Pflanzen und Tieren nicht wie früher an ganzen oder zerstückelten Antheren bzw. Hoden vor, die dann mit dem Mikrotom geschnitten werden, sondern fertigt Ausstriche des Antheren- bzw. Hodeninhalts an und fixiert die isolierten Pollenmutterzellen oder Spermatocyten. Die Vorteile dieser und ähnlicher Arbeitsweisen bestehen 1. in der tadellosen Fixierung, 2. in der Beobachtung unverletzter Zellen bzw. Kerne und Teilungsfiguren, 3. in einer sehr großen Zeitersparnis. Bei der Untersuchung von somatischen Geweben ist eine vitale Zerlegung in Einzelzellen nicht möglich, aber bei Verwendung bestimmter Fixierungsmittel und entsprechender nachheriger Behandlung auch nicht nötig; unter Umgehung der Mikrotomtechnik gelingt es auch in diesen Fällen unverletzte und besser als sonst fixierte Kerne in kurzer Zeit zur Untersuchung zur Verfügung zu haben.

Alle Schnellmethoden beruhen grundsätzlich auf einem der beiden angedeuteten Arbeitsgänge. Nach der Beschaffenheit der zur Verwendung kommenden Fixierungsmittel und Farbstoffe lassen sie sich zweckmäßig wie folgt in drei Gruppen zusammenfassen.

I. Die Karminessigverfahren
1. Allgemeines

In Essigsäure gelöstes Karmin färbt intensiv das Chromatin der Ruhekerne und die Chromosomen. Da Essigsäure fixierend wirkt, kann die Lösung — im folgenden kurz KE. genannt — gleichzeitig zur Fixierung und Färbung verwendet werden. Allerdings ist diese Fixierungswirkung oft ungenügend, so daß mit einem geeigneten Mittel vorfixiert werden muß. Als solches kommt allein ein Gemisch von Alkohol und Essigsäure (AE.) in Betracht.

Da Essigsäure auf Chromosomen, Spindel, Plasma usw. leicht quellend wirkt, erscheinen die Strukturen etwas größer und lockerer als im Leben und nach sonstiger Behandlung. Die Essigsäure bewirkt ferner eine Mazeration der Gewebe, so daß sich die Zellen leicht aus dem Gewebverband lösen lassen. Ein besonderer Vorteil liegt darin, daß KE. die Nukleolen nicht färbt, wodurch Verwechslungen mit Chromatin ausgeschlossen werden (Protisten, „Chromatinnukleolen"!). Durch alle seine Eigenschaften ist das KE.-Verfahren zu einem unentbehrlichen Behelf geworden; mit seiner Hilfe gelingt es, von einem beliebigen Organismus innerhalb weniger Minuten ein Bild seiner Karyologie zu erhalten.

2. Herstellung von Karminessigsäure und Alkohol-Eisessig

KE. Man mischt 45 Raumteile konzentrierter Essigsäure (Eisessig) mit 55 Raumteilen dest. Wasser, gibt im Überschuß (etwa 1 g auf 100 ccm 45%ige Essigsäure) gutes Karmin, z. B. Carminum rubrum optimum von GRÜBLER, bei und läßt über einer kleinen Flamme etwa $1/_2$ bis 1 Stunde lang ganz schwach kochen; steht kein Rückflußkühler zur Vermeidung von Destillationsverlusten zur Verfügung, so koche man in einem Erlenmeyerkolben mit engem Hals. Nach völligem Abkühlen filtriert man die gesättigte, dunkelrote Lösung in eine Vorratsflasche, von der aus sie zum handlichen Gebrauch in ein Stiftfläschchen abgefüllt werden kann. Das überschüssige Karmin kann nach Trocknung wieder verwendet werden. Bei langem Stehen der Lösung etwa ausfallendes Karmin ist wegzufiltrieren. Im übrigen ist KE., wenn sie gut verschlossen aufbewahrt wird, unbegrenzt haltbar.

AE. Man mischt drei Raumteile absoluten Alkohol mit einem Raumteil konzentrierter Essigsäure. Die Mischung muß stets unmittelbar vor Gebrauch erfolgen, da beim Stehenlassen Zersetzung eintritt. An Stelle von absolutem kann ohne merkbaren Nachteil auch 96- bis 98%iger Alkohol verwendet werden. Bei manchen Flagellaten und Ciliaten empfiehlt sich ein Mischungsverhältnis von 4:1 oder 5:1.

3. Richtlinien für die Präparation

Essigsäuredämpfe rufen in den zu fixierenden Objekten Artefakte hervor; man bringe also die Objekte plötzlich in AE. oder KE. oder übergieße sie. Sollen Gewebe untersucht werden, so fixiere man möglichst kleine Stücke; vor allem befreie man sie von schwer durchlässigen Hüllen, z. B. Vegetationspunkte von den älteren Blättern, Wurzelspitzen schneide man die Wurzelhaube ab, größere Wurzelspitzen durchschneide man auch der Länge nach. Objekte, die in Wasser liegen (Algen, kleine Tiere) sind möglichst vom Wasser zu befreien (dürfen aber natürlich nicht austrocknen). Zusatz von Wasser ist überhaupt während des

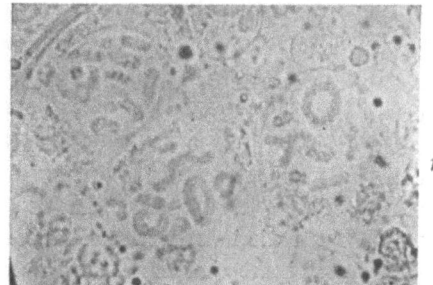
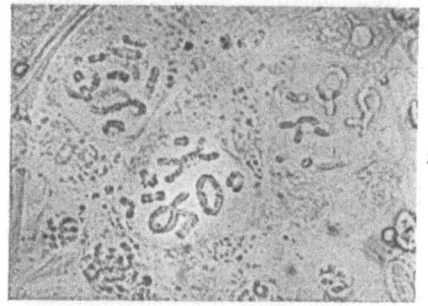
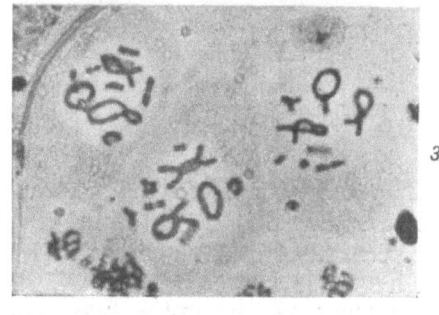

Abb. 1. Ausstrich aus einem Hoden von *Stenobothrus lineatus* (Feldheuschrecke); man sieht drei Spermatocyten im Stadium des Diplotäns. 1 lebend, 2 nach Räucherung mit OsO_4-Dampf und Fixierung mit FLEMMINGS Gemisch, 3 nach Einschluß in Kanadabalsam. Photo, gleiche Vergr. (680fach); nach BELAR.

ganzen Arbeitsganges zu vermeiden; trocknet die KE. während der Beobachtung aus, so ist nicht Wasser, sondern ein Tropfen KE. vom Deckglasrand her zuzusetzen. — Gewöhnliche Pinzetten und Präpariernadeln geben

Eisen an die Lösung ab; will man dies vermeiden, so verwende man solche aus nichtrostendem Werkstoff; andererseits ist bei schnellem Arbeiten die Eisenabgabe geringfügig und nicht hinderlich, oft sogar erwünscht, indem sich Eisenkarmin bildet, das statt der rein roten eine violette bis schwarze, kontrastreiche Färbung hervorruft.[1] — Für feinste Untersuchungen empfiehlt es sich, ein dichtes Grünfilter zu verwenden (monochromatisches Licht!), wobei die rote Färbung schwarz erscheint; die Lichtquelle muß dann entsprechend stark sein. Da die Präparate oft dicker als Mikrotomschnitte sind und in der Regel mit Immersion untersucht werden, sind „extra dünne", sogenannte C-Deckgläser, zu verwenden; für die in Betracht kommenden Ausstriche, Quetsch- und Zupfpräparate eignet sich am besten das Normalformat (18 × 18 mm). Bei Untersuchung in KE. ist infolge der eigentümlichen Lichtbrechungsverhältnisse der Blendenöffnung und Kondensorstellung besonderes Augenmerk zuzuwenden!

4. Anwendung von KE. allein

Allein angewandte KE. fixiert nur dann gut, wenn sie augenblicklich in die Zellen eindringt; sie kommt also zunächst nur für frei liegende unbehäutete oder mit durchlässiger Membran versehene Zellen in Betracht. Doch ist auch dann die Färbung oft nicht intensiv genug und gefärbte Zelleinschlüsse (Chromatophoren) können stören. Die Anwendung ist also beschränkt, liefert aber in besonderen Fällen bessere Ergebnisse als nach AE.-Fixierung. Man mache es sich zum Grundsatz, im Einzelfall verschiedene Modifikationen der KE.-Methoden auszuprobieren!

Fast immer läßt sich KE. allein zum Zweck einer schnellen und einfachen Orientierung verwenden, wenn also z. B. festgestellt werden soll, ob und in welchen Blütenknospen die Meiose abläuft, wieweit die Entwicklung der Hoden in Larven von Insekten fortgeschritten ist u. dgl. mehr. In solchen Fällen zerzupft man das lebende Material mittels Nadeln in einem Tropfen KE. auf dem Objektträger, legt nach Entfernung etwa zu großer Teile (z. B. der Antherenwände) das Deckglas auf (das immer möglichst dicht anliegen soll), und kann mit der Untersuchung beginnen. Kleine Algen und Tiere lassen sich natürlich ohne Zerzupfen untersuchen (Abb. 2). Oft ist dabei leichte und kurze Erwärmung (nicht Kochen!) vorteilhaft, da dabei die Chromatinfärbung intensiver wird, ohne daß sich das Plasma anfärbt; bei zu starker Erwärmung quellen die Chromosomen unter Vakuolisierung auf (Abb. 9b).

Vielfach leisten auch Handschnitte des lebenden Materials, die man einfach in KE. legt und mit dem Deckglas bedeckt, gute Dienste. So

---

[1] Manche Untersucher setzen deshalb von vornherein der KE. in Spuren Eisensalze zu (z. B. Eisenalaun, Eisenchlorid).

kann man Querschnitte durch Wurzeln, Blätter, Hymenien von Hutpilzen u. a. m. leicht und schnell untersuchen und sich über das Aussehen der Kerne, den Ablauf von Teilungen usw. unterrichten.

In bestimmten Fällen ist die Behandlung mit KE. allein auch für die endgültige Untersuchung anderen Methoden vorzuziehen. Dies gilt z. B. oft für die Untersuchung des Ablaufs der Meiose in den Pollenmutterzellen (Abb. 3) und der 1. Pollenkornmitose.[1] Man geht dabei so

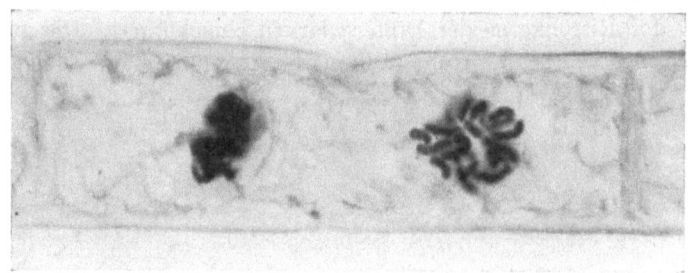

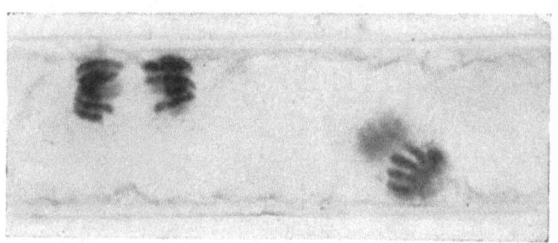

Abb. 2. Zweikernige Zellen der Grünalge *Rhizoclonium*, oben die Kerne in Metaphase (rechts Flächenbild, links Seitenansicht), unten die Kerne in Anaphase (die rechte Spindel steht geneigt zur Bildebene, daher die eine Tochterplatte unscharf). — KE., Venezianischer Terpentin; Photo, etwa 1000fach.

vor, daß man eine Anthere auf dem Objektträger mit einem scharfen Messer (Rasiermesser oder Rasierklinge) durchschneidet und den hervorquellenden schleimigen Inhalt sofort mit einem Tropfen KE. bedeckt; Eindickung oder gar Eintrocknung ist unbedingt zu vermeiden. Bei derberen Antheren kann der Inhalt auch ausgedrückt werden, wobei allerdings oft noch vor der Fixierung Artefakte entstehen können. Im allgemeinen wird man beobachten, daß die Pollenmutterzellen oder Pollenkörner eines Präparates verschieden gut fixiert und gefärbt sind: an Stellen dichterer Zellansammlungen ist die KE. verdünnt eingedrungen,

---

[1] Die erste Pollenkornmitose ist fast immer zur Zählung der Chromosomen und zum Studium ihrer Morphologie besonders geeignet, da die Chromosomen in haploider Zahl vorhanden sind, ihre Anordnung locker ist und gute Fixierung leicht gelingt (Abb. 4).

die Zellen sind blaß gefärbt, ihre Chromosomen stark aufgequollen; wenn solche Zellen auch meist für gröbere Untersuchungen dennoch brauchbar sind, so ist doch im Auge zu behalten, daß in ihnen starke Artefaktbildung vorliegt.

5. Untersuchung der Speicheldrüsenchromosomen der Dipterenlarven

Die alleinige Anwendung von KE. hat sich besonders für die Untersuchung der Riesenkerne der Dipterenlarven eingebürgert. Die größten dieser Kerne, welche im Ruhestadium die Chromosomen — eigentlich

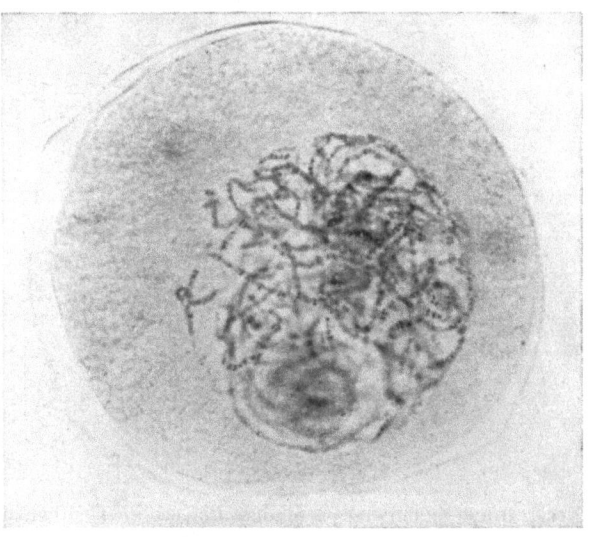

Abb. 3. Pollenmutterzelle der Liliacee *Hosta coerulea*; Kern im Pachytänstadium (Chromomerenbau der Chromosomen stellenweise deutlich!), unten — außerhalb der Einstellebene, daher verschwommen — der Nukleolus. — In KE. liegend; Photo, etwa 900fach.

Chromosomenbündel — im entspiralisierten, gestreckten Zustand enthalten und daher die bestmögliche Analyse ihres Feinbaus, besonders der Chromomeren, erlauben, treten in den Speicheldrüsen auf. Man entnimmt der narkotisierten Larve die Speicheldrüsen, indem man sie in einen Tropfen KE. auf den Objektträger bringt und mittels Pinzette mit einem Ruck den Kopf abtrennt; oder man schneidet den Kopf ab, während man auf den Körper drückt, so daß die Speicheldrüsen hervorquellen. Die am Kopf oder Leib hängengebliebenen Drüsen löst man ab, bringt sie in einen neuen Tropfen KE. und färbt etwa 10 bis 15 Minuten. Dann wird das Deckglas aufgelegt, überschüssige KE. mit Filtrierpapier abgesaugt und das Deckglas leicht angedrückt, so daß die Drüsen flach ausgebreitet werden. Sie sind durchsichtig genug, um ein deutliches Übersichtsbild des Kernbaus zu geben (Abb. 5).

Für eingehendere Untersuchungen überträgt man die gefärbten Drüsen in einen Tropfen 45%iger Essigsäure, der etwas KE. zugesetzt

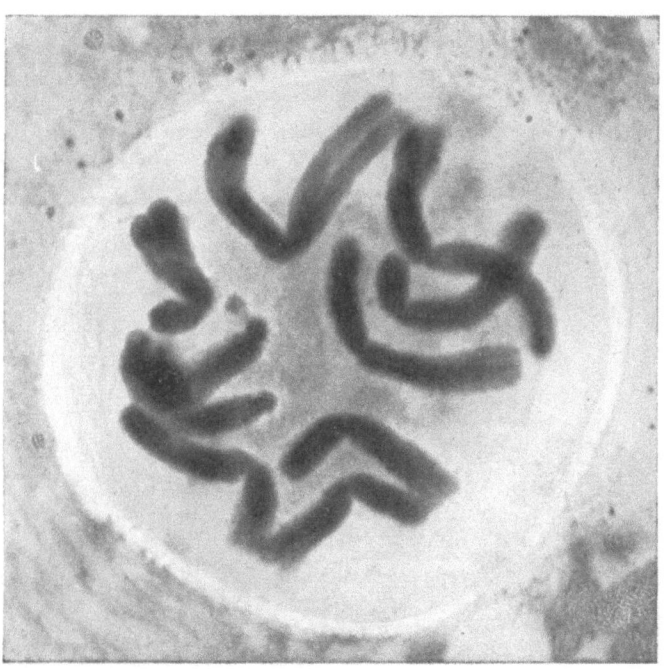

Abb. 4. Pollenkorn von *Paris quadrifolia* (Einbeere). Metaphase der ersten Mitose in Polansicht (10 Chromosomen, haploider Satz). — Ausstrich, AE., KE.; Photo, etwa 2000fach.

ist, und legt ein Deckglas auf; die Flüssigkeitsmenge muß so bemessen sein, daß das Deckglas weder „schwimmt" noch kapillar angepreßt wird. Hierauf klopft man auf das Deckglas, bis die Speicheldrüse in ihre einzelnen Zellen zerfallen ist; durch Druck auf das Deckglas preßt man dann die Kerne aus den Zellen und aus den Kernen die Chromosomen aus, die nun zur Untersuchung bereit sind (Abb. 6). Die richtige Anwendung des Druckes erfordert Übung![1]

---

[1] Sollen Dauerpräparate angefertigt werden, so vgl. Abschn. 8. Statt KE. wird neuerdings oft Orcein-Essigsäure (LA COUR) verwendet, die das Plasma weniger mitfärbt. Für die meisten Zwecke spielt der Unterschied kaum eine Rolle. Man stellt sich eine Standardlösung von 2,2 g Orcein in 100 ccm Eis-

6. Anwendung von KE. in Verbindung mit AE.

a) Ausstriche

Zur Untersuchung der Meiose der höheren Pflanzen und Tiere verwendet man Ausstriche des Antheren- oder Hodeninhalts. Da bei den Pflanzen die Pollenmutterzellen in den frühesten Entwicklungsstadien

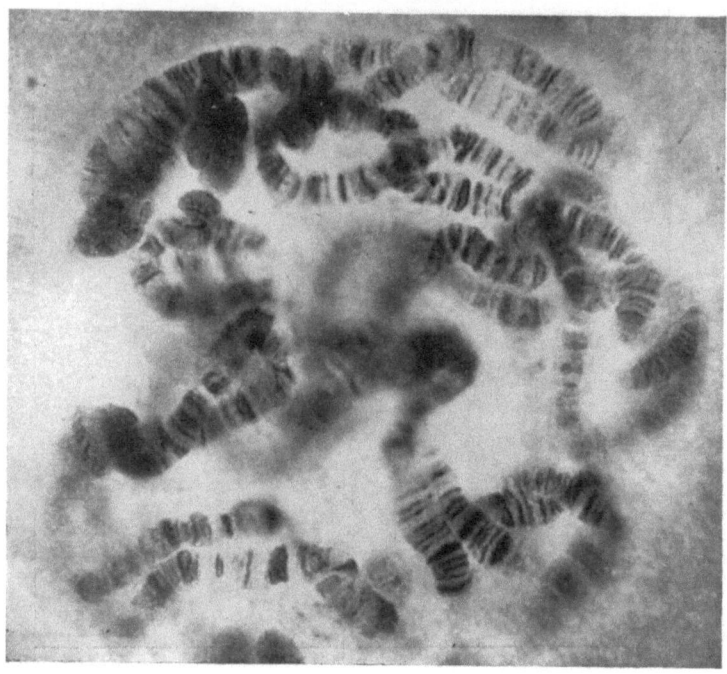

Abb. 5. Totalbild eines Kerns aus der Speicheldrüse einer Larve von *Simulium* sp. (Kriebelmücke) mit den — unvollständig — gepaarten Riesenchromosomen. — KE.; Photo, etwa 900fach.

noch nicht isoliert sind, ist die Beobachtung dieser an Zupfpräparaten oder nach dem unter b) angegebenen Verfahren vorzunehmen.[1] Die Ausstriche werden auf Deckgläsern vorgenommen, die durch Abreiben mit Seifenlösung oder 96%igem Alkohol entfettet worden sind.

Handelt es sich um die Untersuchung des Hodeninhalts, so bringt man den ganzen Hoden oder Teile desselben auf das Deckglas und zerreißt ihn mittels Pinzette und Nadeln, wobei man den austretenden

---

essig her (mäßig kochen, abkühlen und filtrieren!). Zur Verwendung gelangt die durch Verdünnung mit destilliertem Wasser hergestellte 1%ige Lösung in 45%iger Essigsäure.

[1] Dies gilt auch für jene Blütenpflanzen, deren Pollenmutterzellen sich überhaupt nicht isolieren (z. B. Orchideen).

Inhalt verschmiert oder ausstreicht. Sehr schnelles Arbeiten ist nötig, um Austrocknung zu vermeiden; man lege deshalb auch kein Gewicht auf möglichst gleichmäßige Verteilung und lasse auch größere Stücke liegen; sie können nach der Fixierung entfernt werden. Den Ausstrich der lebenden Zellen lege man in eine kleine Schale und übergieße ihn mit AE. Schale und AE. müssen so vorbereitet sein, daß die Handhabung

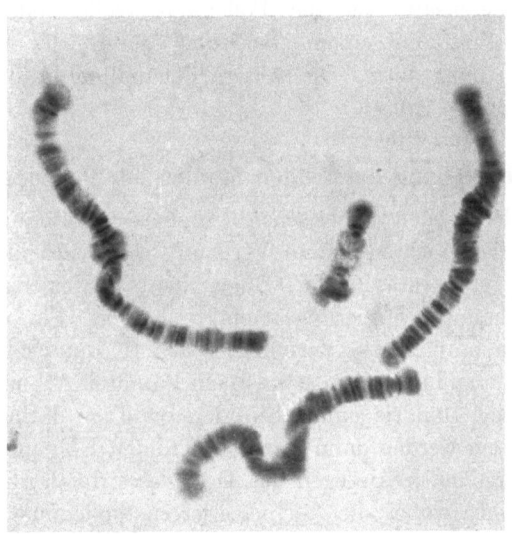

Abb. 6. Drei Riesenchromosomen(paare) aus dem Kern einer Larve der Diptere *Chironomus thummi*, nach dem KE.-Verfahren ausgequetscht. — Photo, etwa 350fach; nach H. BAUER.

ein Minimum an Zeit erfordert. Als Schalen eignen sich, auch für die folgende Behandlung, am besten die sogenannten Embryo- oder Blockschalen, die aus massivem Glas mit einer flachen Auswölbung bestehen und gute Standfestigkeit besitzen; das Deckglas ruht in ihnen auf seinen vier Ecken und kann leicht mit einer Pinzette wieder aufgenommen werden.

Das ausgestrichene Material klebt in AE. am Deckglas fest an und kann mit ihm weiterbehandelt werden. Man läßt den AE. 2 bis 5 Minuten einwirken und bringt das Deckglas dann in ein Blockschälchen mit KE., wo unter Herumschwenken oder „Schaukeln" der AE. verdrängt und die Färbung vorgenommen wird. Die Übertragung aus AE. in KE. muß zwecks Vermeidung von Austrocknung sehr schnell erfolgen.

Die Färbung benötigt meist 1 bis 2 Minuten, manchmal auch etwas länger. Das Deckglas kann hierauf mit der anhaftenden KE. — eventuell nach Entfernung der zu dicken Stellen des Ausstrichs — zur Untersuchung auf einen Objektträger montiert werden, oder es läßt sich zu einem Dauerpräparat verarbeiten (vgl. Abschn. 8). Leichte Erwärmung macht die Färbung oft deutlicher.

Von Antheren macht man die Ausstriche in der Weise, daß man — je nach Übung — eine oder mehrere Antheren auf das Deckglas legt, mit einem scharfen Messer (Rasierklinge) entzweischneidet und den austretenden Antherensaft, der die Pollenmutterzellen oder später die Pollenkörner enthält, mit einem „Schwung" ausstreicht. Auch hier ist entsprechende Übung nötig. Die weitere Behandlung ist die gleiche wie oben angegeben.

b) Untersuchung der frühen Stadien der Pollenreifung

Während der frühen meiotischen Prophase (Leptotän) stehen die Pollenmutterzellen noch in festem Verband, lassen sich also nicht ausstreichen. Zupfpräparate in KE. rufen meist in den Kernen die als „Synapsis" bekannten Fixierungsartefakte hervor. Ein wenigstens in manchen Fällen brauchbares Verfahren (nach H. ERNST) besteht darin, die jungen Antheren in ein Gemisch von ein Raumteil AE. und ein Raumteil KE. zu legen und sie einige Stunden bis Tage darin zu belassen. Einzelne Antheren werden dann in einem Tropfen KE. auf dem Objektträger erhitzt und nach Auflegen des Deckglases durch Druck auf dasselbe zerquetscht, wobei die ± mazerierten Pollenmutterzellen austreten und unmittelbar beobachtet werden können. Große Antheren sind vor dem Einlegen in das Gemisch zu zerschneiden.

c) HEITZsche Kochmethode für Gewebe

Für die Untersuchung der Kerne und Chromosomen in tierischen Geweben ist es meist ausreichend, Zupf- und Quetschpräparate in KE. herzustellen; Erwärmung hebt oft den Farbenkontrast. Für die Untersuchung pflanzlicher Gewebe, deren Zellen fest aneinander haften und sich daher nicht einfach durch Druck auf das Deckglas in einer dünnen Schicht ausbreiten lassen, ist dagegen ein besonderes Mazerationsverfahren anzuwenden. Die Mazeration kann man dadurch erreichen, daß man die Objekte einfach in KE. kocht (ungefähr 2 Minuten lang); doch quellen dabei die Chromosomen sehr stark auf; nur in bestimmten Fällen kann dies von Vorteil sein (z. B. bei der Beobachtung kleiner Trabanten am Nukleolus). Im allgemeinen wird man folgenden Arbeitsgang einhalten, der eine gute Fixierung gewährleistet:

Man fixiert zunächst die Wurzelspitze, den Vegetationspunkt, die Blütenknospe usw. oder bei größeren Ausmaßen Teile der Organe in AE.; möglichst weitgehende Zerkleinerung ist immer von Vorteil. Die

Fixierungsdauer hängt von der Größe der Objekte ab, in allen Fällen beträgt sie wenige Minuten (erfolgt in diesem Zeitraum kein Eindringen in die tieferen Gewebeteile, so sind sie auch bei längerer Einwirkung unbrauchbar fixiert). Man kann auch heißen AE. verwenden, was aber meist keinen merkbaren Unterschied hervorruft.

Aus AE. werden die Objekte unmittelbar in KE. übertragen und in ihr gekocht. Handelt es sich um kleinere Objekte, so kann dies auf dem Objektträger geschehen; bei größeren Objekten ist Kochen in einem Proberöhrchen ratsam. Die Kochdauer beträgt im allgemeinen 2 Minuten, kann aber unter Umständen auch etwas länger oder kürzer sein. Kocht man auf dem Objektträger, so ist es angezeigt, zunächst kein Deckglas aufzulegen und das Objekt allseitig von dem bloß erwärmten KE.-Tropfen umspült zu halten, und erst später unter dem Deckglas bis zu mehrmaliger Gasblasenentwicklung zu erhitzen; dabei muß reichlich KE. vorhanden sein bzw. vom Rand her zugesetzt werden. Man hüte sich vor Überhitzung, die ein Wegschleudern des Deckglases nach sich zieht!

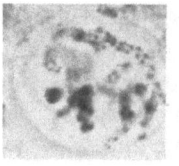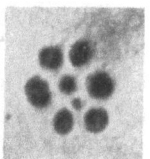

Abb. 7. Links: Spermatocyte der Wanze *Gerris lateralis*, Kern im Pachytän, Chromomerenbau deutlich; rechts: Äquatorialplatte der ersten Reifungsteilung in einer Spermatocyte der Wanze *Lygaeus saxatilis* (inmitten der 6 Autosomenpaare das X- und Y-Chromosom). — Hoden in AE. fixiert, in 96%igem Alkohol aufbewahrt, nachträglich in KE. zerzupft. Photo.

Ist das Kochen beendet, so wird durch Druck auf das Deckglas die Ausbreitung der Zellen in einer dünnen Schicht herbeigeführt. Die Flüssigkeitsmenge ist dabei so zu bemessen, daß weder „Schwimmen" des Deckglases eintritt noch die Zellen zu wenig Bewegungsfreiheit besitzen; vorteilhafterweise kann man den Objektträger samt Deckglas gegen eine dicke Schicht von Filtrierpapier drücken, wobei die überschüssige KE. aufgesaugt wird. Der Druck muß genau senkrecht wirken, da sonst Verschmierung der Chromosomen usw. eintritt; er muß auch derart bemessen sein, daß die Zellen nicht zerdrückt werden. Leistet das Objekt dem Druck Widerstand, so wurde zu kurz gekocht oder es war überhaupt zu dick oder enthielt Dauergewebe (verholzte Elemente usw.); in diesen Fällen ist von Anfang an anders zu präparieren. Läßt sich das Objekt im Leben nicht dünn genug präparieren, so kann man es nach der Fixierung in einem Tropfen KE. durch Zerschneiden oder Zerzupfen zerkleinern und dann erst kochen; Wurzelspitzen kann man vor dem Drücken durch Einstechen und Durchziehen einer Nadel der Länge nach zerfasern.

Richtig hergestellte Präparate enthalten Zellgruppen oder Zellzüge in dünner Schicht. Die Zellen selbst dürfen im allgemeinen nicht verletzt oder gar zerquetscht sein (hin und wieder werden Verletzungen natürlich nicht zu vermeiden sein). Gleichmäßige Fixierung und Färbung ist an größeren Objekten kaum zu erreichen, aber auch nicht nötig, da die geeignetsten Stellen zur Beobachtung ausgesucht werden können.

Mit Vorteil ist die Kochmethode auch an Handschnitten zu verwenden. So erhält man die für Chromosomenzählungen nötigen Polansichten von Metaphaseplatten an Querschnitten durch Wurzelspitzen; bei der gewöhnlichen Behandlung der Wurzelspitzen bekommt man, entsprechend dem Längenwachstum der Wurzel, fast nur Seitenansichten der Mitosen zu Gesicht. Ist die Wurzelspitze zu klein, um mit der Hand geschnitten werden zu können, so verwende man Vegetationspunkte; in diesen sind die Spindeln nicht regelmäßig in einer Richtung gelagert, so daß sich leicht Polansichten in größerer Zahl auffinden lassen. Ausgezeichnete Ergebnisse kann man an Handschnitten durch Pilzfruchtkörper, Flechten- und Algenthalli erreichen; der Gesamterhaltungszustand ist meist besser als nach irgendeinem anderen Verfahren, so daß sich solche Präparate auch zur Übersicht und für Demonstrationen eignen.

d) Anwendung in anderen Fällen

Für viele Untersuchungen sind die unter *a* bis *c* geschilderten Verfahren überflüssig oder unanwendbar. So wird man Fadenalgen oder Pilzmyzelien einfach in AE. bringen und dann in KE. erwärmen. Flagellaten, Ciliaten, einzellige Algen u. a. m. können in der üblichen Weise vor der Fixierung mittels Eiweißlösung (nicht Eiweißglycerin, welches töten würde!) auf dem Deckglas aufgeklebt und dann in AE. und KE. weiterbehandelt werden.[1] Kleine Krebse, Rotatorien u. dgl. können meist in toto untersucht werden; vor der Fixierung dicke man das Material mittels Planktonfilter[2] möglichst ein, entferne durch Abtropfen und Absaugen das überschüssige Wasser und fixiere dann mit einer reichlichen Menge von AE. unter kräftigem Herumschwenken.

7. Untersuchung von aufbewahrtem Material

Besteht keine Möglichkeit, das Material lebend zu verarbeiten, so kann es in AE. fixiert und einige Tage darin aufbewahrt werden. Soll es länger erhalten bleiben, so bringt man es aus AE. unmittelbar in 96%igen Alkohol, wobei man ein- oder zweimal wechselt, damit die Essigsäure entfernt wird; in Alkohol hält es sich unbegrenzt. Vor der

---

[1] Sparsame Verwendung von Eiweiß ist dadurch zu erzielen, daß man frisches Hühnereiweiß in einer flachen Schale in dünner Schicht bei Zimmertemperatur eintrocknen läßt; zum Gebrauch löst man ein kleines Stückchen der hornartigen Masse in destilliertem Wasser.

[2] Im einfachsten Fall ein zylindrisches Glasröhrchen, das an einem Ende mit Müllergaze zugebunden ist.

Untersuchung überträgt man es wieder in AE., in dem es je nach der Größe der Objekte solange bleibt, bis die Durchtränkung erfolgt ist (meist genügen einige Minuten). Die Weiterbehandlung in KE. ist dann die gleiche wie früher angegeben.

Die Aufbewahrung in Alkohol beeinträchtigt etwas die gute Fixierungswirkung und oft auch die Färbung; es handelt sich also um einen Notbehelf, der nur in zwingenden Fällen angewendet werden sollte. Dennoch sind auch solche Präparate den mit dem Mikrotom hergestellten meist weit überlegen (Abb. 5).

Material, das mit einem anderen Fixierungsmittel als AE. behandelt wurde, ist unter Umständen auch noch für die KE.-Technik verwendbar. Hier lassen sich kaum allgemeine Regeln aufstellen; jedenfalls wage man den Versuch, wenn kein anderes Material zur Verfügung steht. Bei ausgesprochen schlechter Fixierung, z. B. in 70%igem Alkohol, wie er oft zum einfachen Konservieren verwendet wird, lassen sich infolge der quellenden Wirkung der KE. oft weit bessere Ergebnisse als auf irgendeine andere Weise erzielen.

8. Dauerpräparate

Richtig hergestellte KE.-Präparate sind so dünn, daß die während der Beobachtung eintretende Verdunstung meist nicht störend wirkt. Macht sie sich bei längerer Untersuchung dennoch störend bemerkbar, so kann man vom Rand des Deckglases vorsichtig KE. zusetzen. Will man die Präparate einige Tage zur Verfügung haben, so umschließt man sie, nachdem der Deckglasrand und die Randfuge trocken geworden sind, mit Vaseline. Aufbewahrung im Eisschrank verlängert die Lebensdauer der Präparate. Für noch längere Zeit (mehrere Monate) ist ein Verschluß mit KRÖNIGschem Glaskitt vorzunehmen;[1] dieser wird mit einem erhitzten Metallstab, am besten dem sogenannten „Einschlußdreieck" mit Holzgriff, flüssig auf die Fuge zwischen Deckglas und Objektträger aufgetragen, wo er alsbald erstarrt. Die an sich dauerhaften Präparate verderben aber mit der Zeit dadurch, daß das Karmin allmählich ausfällt.

Will man „absolute" Dauerpräparate erhalten, so muß der sonst übliche Weg eingeschlagen, also das Präparat entwässert und in Harz eingebettet werden. Dabei gehen aber zwei wesentliche Vorteile der Beobachtung in KE. verloren, nämlich die Quellung der Chromosomen,

---

[1] Die üblichen Verschlußmittel (Harze, Wachs usw.) sind unbrauchbar, da sie entweder gelöst werden oder nicht genug am Glas haften, so daß die Essigsäure „durchkriecht". — Von BELLING wird folgende Verschlußmasse empfohlen: 10 g pulv. Gelatine werden in 50%iger Essigsäure quellen gelassen, dann wird bis zur Lösung erhitzt. — Auch manche Kautschuklösungen sind brauchbar.

der Spindel usw. und der starke Lichtbrechungsunterschied zwischen Chromosomen und Umgebung. Die Folge ist, daß die Strukturen kleiner, die Farbenkontraste geringfügiger werden (besonders das Plasma färbt sich oft stärker mit). Im allgemeinen ist daher die Untersuchung in KE. vorzuziehen, wenn auch die Nachteile der Dauerpräparate meist durch geübte Beobachtung ausgeglichen werden können.

Die Herstellung solcher Dauerpräparate beginnt mit der Entfernung der KE., die man zunächst mit AE. oder 45%iger Essigsäure verdrängt. Handelt es sich um Deckglaspräparate (Ausstriche usw.), so bringt man diese statt zur Untersuchung auf den Objektträger in ein Blockschälchen mit AE., schwenkt einige Zeit, wäscht dann in 96%igem Alkohol die Essigsäure aus, und bringt sie dann in reinen 96%igen Alkohol,[1] aus dem sie in einem Tropfen des Einschlußmittels auf den Objektträger montiert werden. Handelt es sich um Zupf- oder Quetschpräparate, bei denen das Deckglas mit dem Objektträger verbunden ist (und sich nicht verschieben darf!), so saugt man vorsichtig AE. und dann Alkohol durch, bis der größte Teil der Essigsäure entfernt ist, und legt hierauf den Objektträger samt Deckglas in eine größere Schale mit Alkohol solange, bis das ganze Objekt von Alkohol durchtränkt ist (dies ist an dem Farbenumschlag von gelbrot nach blaurot meist schon mit freiem Auge erkennbar). Je nach der Größe der Objekte dauert diese Behandlung einige Minuten bis 1 Stunde. Nun kann das Deckglas durch vorsichtiges Einführen einer Rasierklinge an einer Ecke gehoben werden, wobei die Objekte am Deckglas oder am Objektträger haften bleiben; nach Zusatz des Einschlußmittels läßt man das Deckglas wieder fallen. Oft wirkt es schonender, wenn man durch Schaukeln oder Senkrechtstellen des in Alkohol befindlichen Präparats das Deckglas zum Abgleiten bringt. — Statt AE. saugt man, besonders wenn es sich um umfangreichere Präparate handelt, mit Vorteil 45%ige oder 10%ige Essigsäure durch oder läßt das Deckglas in ihr abgleiten, da diese die Farbe auszieht und eine durch die spätere Entwässerung (Schrumpfung) eventuell eintretende Überfärbung verhindert. Zu lange Einwirkung ist natürlich zu vermeiden!

Bei kleineren Objekten kann man sich oft die Zwischenschaltung von AE. oder E. ersparen, indem man die KE. gleich mit Alkohol verdrängt; dies gelingt in Kürze dadurch, daß man das Präparat schräg hält und Alkohol auftropft; der Alkohol dringt vom Rand her ein und schiebt die KE. vor sich her, die man an einer Ecke abtropfen läßt. Das Deckglas muß dabei etwas „schwimmen", darf aber nicht „davonschwimmen"; die richtige Neigung des Objektträgers und die Flüssigkeitsmenge müssen ausgeprobt werden. Zur völligen Entfernung der Essig-

---

[1] Im folgenden wird der Kürze halber einfach „Alkohol" geschrieben; es ist immer 96%iger oder höherprozentiger Alkohol gemeint.

säure legt man auch solche Präparate, oder wenn sich das Deckglas leicht ablösen läßt, dieses bzw. den Objektträger, vor der Einbettung noch eine Zeitlang in Alkohol. Bei größeren Gewebestücken u. dgl. ruft dieses abgekürzte Verfahren Karminniederschläge hervor, die oft störend werden können.

Bei einiger Übung und Anpassung an das Material gelingt die Überführung in das Einschlußmittel ohne nennenswerte Verluste. Algenwatten u. dgl. werden einfach mit der Pinzette oder Pipette von EK. über AE. in Alkohol überführt.

Als Einschlußmittel empfehlen sich Harze, die sich mit Alkohol mischen, da dadurch ein weiteres Zwischenmedium überflüssig wird.[1] Als solche kommen Euparal, das gebrauchsfertig zu beziehen ist, und in Alkohol gelöster Venezianischer Terpentin in Betracht. Die Terpentinlösung stellt man her, indem man den festweichen käuflichen Venezianischen Terpentin in einem Schälchen über einer kleinen Flamme verflüssigt und so lange unter leichter Dampfentwicklung flüssig hält, bis alle flüchtigen Stoffe entwichen sind (zu starke Erhitzung oder gar Kochen bewirkt Bräunung!); dies zeigt sich daran an, daß der Terpentin bei Erkalten splittert, wenn man ihn einzuritzen versucht, während er zunächst schmierig ist. Von dem spröden Terpentin löst man dann in Alkohol soviel, daß eine dicke, aber noch gut tropfbare Flüssigkeit entsteht (im folgenden einfach als „Venezianischer Terpentin" bezeichnet). Sie ist gut verschlossen aufzubewahren, da sie leicht Wasser anzieht, das dann in den Präparaten eine Emulsion hervorrufen kann. Am besten verwendet man die für den Gebrauch von Kanadabalsam üblichen Gläschen mit Überfalldeckel, deren mattierten Rand man mit Vaseline abdichtet.

Die Einbettung in Euparal oder Venezianischen Terpentin erfolgt derart, daß man einen entsprechend großen Tropfen auf den Objektträger bringt und dann das Deckglas auflegt. Bei Verwendung von Venezianischem Terpentin ist es angezeigt, das Präparat sofort in einen Trockenschrank zu bringen oder über einer Flamme in einigen Minuten den Rand zu trocknen, da sich sonst leicht eine Wasser-Harz-Emulsion bildet (sie ist an der Trübung schon mit freiem Auge zu erkennen; bildet sich schon bei der Herstellung der Präparate eine derartige Trübung, so war der Alkohol zu wasserreich). Die völlige Erhärtung des Harzes dauert ziemlich lange, so daß in der ersten Zeit beim Reinigen des Deck-

---

[1] Nicht also der übliche in Xylol gelöste Kanadabalsam; grundsätzlich ist natürlich auch seine Anwendung möglich, doch leiden vielfach gerade die nach den Schnellmethoden verarbeiteten Objekte bei der Überführung in Xylol, da hier keine angeschnittenen, sondern ganze Zellen vorliegen; dies gilt namentlich für Algen und Pilzhyphen mit derberen Wänden, deren Zellen meist zusammenfallen.

glases u. dgl. Vorsicht geboten ist, um es nicht zu verschieben. Euparal trocknet etwas schneller als Venezianischer Terpentin.

Ob Euparal oder Venezianischer Terpentin zu verwenden ist, hängt von der Empfindlichkeit des Objektes ab. Venezianischer Terpentin dringt in vielen Fällen leichter ein, kann also auf jeden Fall verwendet werden. So fallen z. B. die Zellen der Grünalge *Cladophora* in Euparal zusammen, während sie sich in Venezianischen Terpentin ohne Schrumpfung einlegen lassen. Allerdings gibt es Objekte, die auch bei der Einlegung in Venezianischen Terpentin zusammenfallen (manche Pollenkörner, manche Arten der Grünalge *Oedogonium*); es bleibt dann nur übrig, in ganz verdünnte Lösungen einzubetten und sie allmählich im Thermostaten einzudicken oder, was meist ökonomischer und auch sonst vorteilhafter ist, auf solche Dauerpräparate zu verzichten und das konservierte Material jeweils frisch in KE. zu präparieren.

In manchen Fällen empfiehlt es sich, das Deckglas nicht abzuheben, sondern den Venezianischen Terpentin vom Rand her zuzusetzen, unter vorsichtiger Erwärmung den Alkohol zum Verdunsten zu bringen und vom Rand her solange Terpentin einsaugen zu lassen, bis die nötige Konzentration hergestellt ist.

9. Vorteile und Grenzen der KE.-Verfahren

Die angegebenen Methoden erlauben es in sehr kurzer Zeit, von einem beliebigen Organismus zwecks Kern- und Chromosomenuntersuchung Präparate herzustellen, die meist an Güte anderen Präparaten weit überlegen sind; besonders Sätze kleiner Chromosomen sind oft mit anderen Methoden kaum analysierbar, winzige Trabanten werden übersehen u. dgl. mehr.

Doch sind einige namentlich für den Anfänger ungewohnte Erscheinungen zu beachten. So sind die Ruhekerne vieler Organismen in KE.-Präparaten kaum gefärbt und daher schwer sichtbar. Dies kommt daher, daß KE. intensiv nur „Chromatin" färbt, die betreffenden Organismen aber sehr chromatinarme Kerne besitzen. Solche Kerne werden an den in üblicher Weise gefärbten Mikrotomschnitten dadurch auffallend, daß ihre Nukleolen gefärbt sind; KE. färbt aber eben die Nukleolen nicht. Diese Eigenheit der KE. ist aber in anderer Hinsicht ein Vorteil, da sie es auf den ersten Blick ermöglicht, den Typus des Ruhekerns zu erkennen, also zu entscheiden, ob ein chromatinarmer, oder ein Chromozentren- bzw. Chromonemakern vorliegt.

Die Färbung ist manchmal weniger „brillant" als die von sogenannten Schaupräparaten gewohnte; dieser Nachteil spielt aber im Hinblick auf alle anderen Vorteile keine Rolle und läßt sich durch gute Optik, richtige Beleuchtung (Blendenöffnung und Kondensorstellung!) und vor allem durch entsprechende Übung im Mikroskopieren ausgleichen. — Die

Teilungsspindel bleibt ungefärbt, ist also nur als „Aussparung" im Plasma erkennbar, und zeigt in KE. niemals den bekannten längsfaserigen Bau, der in den sonst üblichen Präparaten als Vergröberung der vitalen Struktur auftritt.

Im ganzen muß man sich bewußt sein, daß die KE.-Methodik zunächst nur für Kernuntersuchungen gedacht ist; bestimmte plasmatische Strukturen (z. B. Chondriosomen) werden zerstört, die Chromatophoren verändern sich, Stärke verquillt usw. Selbstverständlich sind die Methoden auch nicht für anatomisch-topographische Zwecke geeignet; in diesen Fällen bleibt das Mikrotom weiterhin unentbehrlich. Immerhin ist die KE.-Technik oft auch in Fällen anwendbar, die zunächst aussichtslos erscheinen, also etwa für die Untersuchung der Embryosackentwick-

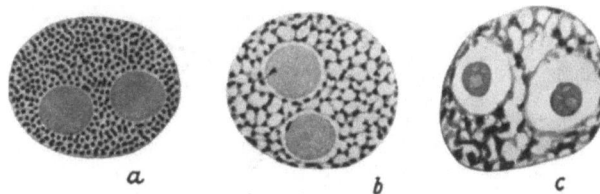

Abb. 8. Aussehen von Ruhekernen aus der Wurzelspitze der Hyazinthe bei verschiedener Behandlung: *a* nach FLEMMING-BENDA-Fixierung (Aussehen ähnlich wie im Leben und nach AE.-KE.-Fixierung); *b* nach FLEMMING-, *c* nach AE.-Fixierung und Mikrotombehandlung. Etwa 1100fach.

lung, wenn die Samenanlagen nicht zu dick sind (z. B. bei Orchideen, Pirolaceen), aber auch der Endospermentwicklung, der ersten Stadien der Embryobildung der Blütenpflanzen u. dgl. mehr. Es ist hierbei in jedem Fall die Methodik dem Objekt entsprechend anzupassen, also auszuproben, ob man mit Handschnitten, Zerzupfen, Quetschen besser zum Ziel kommt, zu welchem Zeitpunkt man fixiert oder färbt usw.; eben in der Embryologie der Blütenpflanzen wurden die KE.-Methoden noch kaum angewendet, so daß brauchbare Angaben über die feinere Kernzytologie hier noch ganz fehlen.

Im übrigen liefert das KE.-Verfahren oft auch dann, wenn es auf allgemeine Übersichtsbilder ankommt, ausgezeichnete Ergebnisse. So erhält man von der Anatomie der Flechten ein besseres Bild an AE.-KE.-Dauerpräparaten in Venezianischen Terpentin als auf irgendeine andere Weise.

Daß eine gewisse Kritik bei der Auswertung der KE.-Präparate nötig ist, ist selbstverständlich, gilt aber für jede Untersuchung. Was den Erhaltungszustand der Chromosomen während der Teilung wie im Ruhekern (als Chromozentren, Chromonemen) anlangt, so entspricht er allen Anforderungen (Abb. 8*a*); vielfach lassen sich Untersuchungen über den Feinbau der Chromosomen (Spiralen, Chromomeren, Heterochromatin) nur mittels KE. durchführen; auch dabei können natürlich infolge unsachgemäßer Behandlung störende Kunstprodukte auftreten (Abb. 9). Hier muß jene Erfahrung erworben werden, die sich durch keine noch so eingehende Anleitung ersetzen läßt.

Es sei schließlich betont, daß die gute Fixierungswirkung von AE. sich nur in Verbindung mit KE.-Behandlung geltend macht. Bei Einbettung und Schneiden mit dem Mikrotom liefert die AE.-Fixierung meist ganz unbrauchbare Ergebnisse (Abb. 8c); dies kommt daher, daß

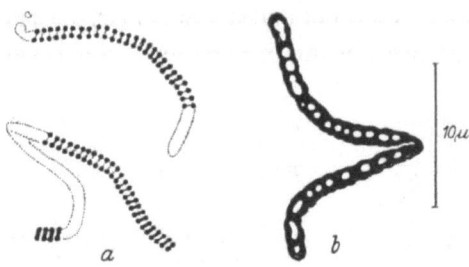

Abb. 9. *a* Spiralbau somatischer Chromosomen der Einbeere nach Behandlung mit AE.-KE.; *b* somatisches Chromosom nach Erhitzung in KE. gequollen und vakuolisiert.

AE. zu den Fixierungsmitteln gehört, die keine stabilen Fällungsstrukturen hervorrufen; zu den stabilen Fixierungsmitteln gehören dagegen die im folgenden behandelten Osmiumgemische.

10. Spiralbau der Chromosomen

Will man die Chromosomenspiralen deutlich sichtbar machen — bei alleiniger Behandlung mit KE. treten sie nur gelegentlich deutlich in Erscheinung —, so ist eine entsprechende Vorbehandlung vorzunehmen. An membranlosen oder mit durchlässigen Membranen versehenen Zellen genügt Vorbehandlung mit dest. Wasser. So bringt man auf lebende Ausstriche von Insektenspermatocyten oder Pollenmutterzellen unmittelbar nach ihrer Herstellung einen Tropfen dest. Wassers, läßt ihn einige Sekunden bis 1 Minute einwirken und färbt unmittelbar in KE. oder nach Fixierung in AE. in KE. (Abb. 10). Auf Zellen mit widerstandsfähigeren Membranen (Ausstriche von Pollenkörnern im Stadium der ersten Pollenmitose) wirken oft Ammoniakdämpfe entsprechend, die man einige Sekunden einwirken läßt; oder man behandelt 2 bis 4 Minuten lang mit Ammoniakalkohol (modifiziert nach Sax: auf 100 ccm 20%igen Alkohol 2 Tropfen NH_3, Abb. 10, unten); in beiden Fällen fixiert man mit AE. und untersucht in KE.

Die Methoden sind launisch, verschiedene Stellen der Ausstriche verhalten sich entsprechend ihrer verschiedenen Dicke verschieden. Auf Zellen im Gewebeverband lassen sie sich überhaupt nicht anwenden.

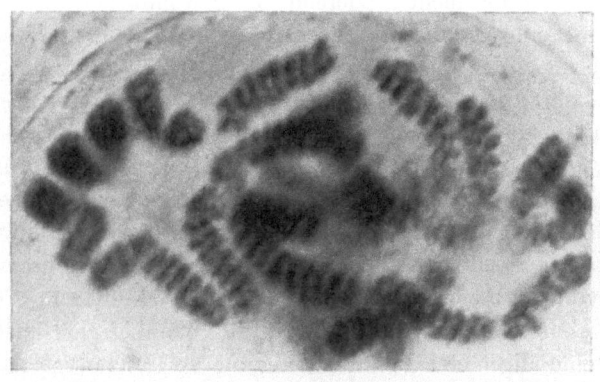

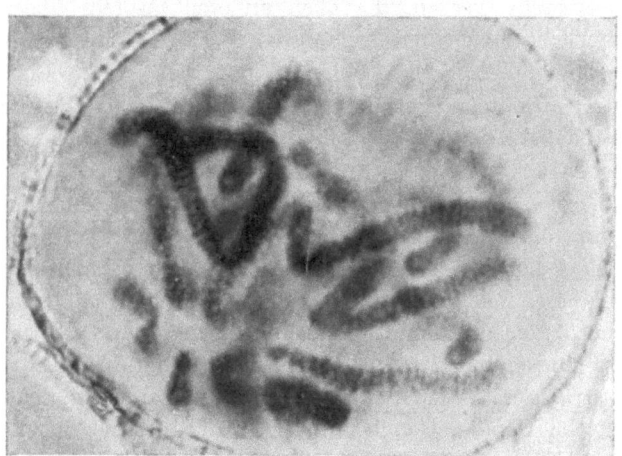

Abb. 10. Einbeere. Oben: II. Anaphase in der Pollenmutterzelle, Ausstrich mit dest. Wasser vorbehandelt, AE.-KE. (Großspiralen!); unten: Anaphase der I. Pollenmitose; Ausstrich, mit NH_3-Alkohol vorbehandelt, AE.-KE. (Kleinspiralen!). Photo, etwa 2000fach.

Am leichtesten werden die Großspiralen während der Meiose in Pollenmutterzellen sichtbar. In somatischen Chromosomen sind die Spiralen sehr fein und dicht gewickelt und lassen sich nur sehr selten klar sichtbar machen (Abb. 10, unten).

II. Die Osmiumtetroxydverfahren
1. Allgemeines

Wässerige Osmiumtetroxydlösung („Osmiumsäure") und besonders ihre Dämpfe wirken nicht „fixierend" im gewöhnlichen Sinn, d. h. rufen nicht Gerinnung und mikroskopisch sichtbare Ausflockung hervor, sondern bringen das Plasma in einem homogenen, gelatinierten Zustand zur Erstarrung; das vitale Aussehen bleibt so gut wie in keinem anderen Fall erhalten, da merkliche Schrumpfungen und Gerinnungsbilder ausbleiben. Gleichzeitig wird das Plasma in einen Zustand übergeführt, der es sehr widerstandsfähig gegen darauffolgende eigentliche Fixierung (unter Gerinnung) macht, so daß sich mit Hilfe von Osmiumtetroxyd Präparate herstellen lassen, die gegenüber dem Aussehen im Leben kaum Strukturveränderungen aufweisen. Die hauptsächlichste Veränderung besteht in einer geringfügigen Kontraktion, die aber gleichmäßig erfolgt, also nur eine allgemeine Verkleinerung zur Folge hat (vgl. Abb. 1_1 u. $_2$).

Auf Grund dieser Eigenschaften konnten OsO_4-enthaltende Fixierungsmittel hergestellt werden, die allen anderen insofern überlegen sind, als sie sämtliche Strukturen des undifferenzierten Protoplasmas wie auch Chondriosomen, Plastiden, Spindel, natürlich auch Chromosomen, lebensgetreu erhalten. Für die praktische Anwendung ist OsO_4 allein nicht brauchbar, da es sehr schlecht eindringt und die Färbbarkeit stark beeinträchtigt; man verwendet daher empirisch ausgeprobte Gemische mit Chromsäure und Essigsäure; das gebräuchlichste ist das in der Mikrotomtechnik eingebürgerte Gemisch von FLEMMING, das aber infolge seines hohen Gehalts an Essigsäure nicht optimal wirkt.[1]

Die hier behandelten Schnellmethoden sind nur in Verbindung mit Ausstrichen (von Pollenmutterzellen, Pollenkörnern, Spermatocyten, Protisten) anwendbar.[2] Doch können manchmal kleinere Gewebeteile als „Ausstriche" behandelt werden (z. B. lassen sich nicht zu große MALPIGHIsche Gefäße, Ganglien u. dgl. von Insekten in dieser Weise präparieren).

Die Vorteile gegenüber den KE.-Verfahren bestehen darin, daß alle Zellbestandteile, im besonderen Kerne, Chromosomen und Spindel lebensgetreu erhalten bleiben, und daß sich sehr distinkt gefärbte Dauerpräparate in kurzer Zeit herstellen lassen; die Nachteile liegen, abgesehen von der beschränkten Anwendungsmöglichkeit, hauptsächlich darin, daß die Chromosomen usw. kleiner als im gequollenen Zustand der KE.-Präparate erscheinen, also ihre optische Auflösung schwieriger ist; manchmal kann auch die Färbung der Nukleolen störend sein.

---

[1] Die Essigsäurewirkung ist hier eine ganz andere als beim KE.-Verfahren.

[2] Vgl. aber Abschnitt III.

2. Vorbehandlung mit OsO$_4$-Dämpfen

Wenn es auf besonders gute Erhaltung ankommt, empfiehlt es sich, die Ausstriche vor der eigentlichen Fixierung in OsO$_4$-Dämpfen zu „räuchern". Für gewöhnliche Zwecke, wie sie meist gegeben sein werden, ist diese Vorbehandlung überflüssig und auch insofern nicht angezeigt, als sie meist das Färbungsvermögen herabsetzt.

Zur Verwendung gelangt 2%ige Osmiumsäure (0,2 g käufliches OsO$_4$[1]) in 10 g destilliertem Wasser gelöst). Vorratslösungen sind am besten mit einem kleinen Zusatz von Chromsäure (etwa 1 Tropfen einer 1%igen Lösung auf 10 ccm Osmiumsäure) zu versetzen, um die Reduktion des metallischen Osmiums, die besonders in nicht völlig gesäuberten Glasgefäßen eintritt, hintanzuhalten. Zur Aufbewahrung verwende man eine Glasflasche mit eingeriebenem Glasstöpsel.

Die Räucherung der Ausstriche — die in der früher geschilderten Weise auf einem Deckglas herzustellen sind — erfolgt derart, daß man die Zellen möglichst nahe an die Osmiumsäure heranbringt, um die Dämpfe konzentriert einwirken zu lassen; dabei darf kein Austrocknen erfolgen. Der beste Behelf ist ein auf einem Objektträger montierter flacher Glasring, den man mit Osmiumsäurelösung bis nahe zum Rand anfüllt, und auf den man das Deckglas mit dem Ausstrich nach unten mittels Vaseline aufkittet; es muß dabei sehr schnell gearbeitet werden, da sonst Eintrocknung erfolgt. Selbstverständlich kann man eine solche „Räucherkammer" auch mittels eines Glasröhrchens geeigneter Größe improvisieren.

Die Dämpfe lasse man 2 bis 5 Minuten einwirken. Längere Einwirkung macht die Zellen für die spätere Weiterbehandlung widerstandsfähiger, was aber nur ausnahmsweise von Belang sein wird; da sich das Färbungsvermögen vermindert, wird die kurze Räucherung im allgemeinen vorzuziehen sein. — Man verwende nicht an Stelle reiner Osmiumsäure das in Abschnitt 3 angegebene OsO$_4$-haltige Fixierungsgemisch! Es enthält Essigsäure, deren Dämpfe die gute Wirkung der Osmiumsäure völlig aufheben würden.

Bei besonders dünnen und wasserarmen Ausstrichen, deren Austrocknung sich nicht vermeiden läßt, verzichte man auf die Räucherung (die ja auch sonst meist nicht notwendig ist); bei dickeren Ausstrichen nehme man es in Kauf, daß die dünn ausgestrichenen Ränder durch Austrocknung verdorben sind.

---

[1] Man verwende die im Handel befindlichen 0,1 g-Packungen. — Die Dämpfe greifen stark die Schleimhäute an! Man ritzt das zugeschmolzene Glasröhrchen, das OsO$_4$ enthält, ein und zerbricht es unter Wasser; die Etikette samt Klebstoff ist vorher zu entfernen. Auch die Dämpfe der fertigen Lösung wie die Fixierungsgemische machen sich bei längerer Beschäftigung unangenehm bemerkbar; man arbeite also beim Präparieren in möglichster Entfernung (Augen!) und ohne die Dämpfe unmittelbar einzuatmen.

3. Fixierung

Den lebenden oder geräucherten Ausstrich bringt man möglichst schnell (Austrocknungsgefahr!) in ein Blockschälchen, das die Fixierungsflüssigkeit enthält. Als solche können verschiedene Mittel verwendet werden, die ungefähr gleich gut wirken; es genügt hier ein einziges anzugeben, daß in allen Fällen anwendbar ist, nämlich die von BENDA verwendete Modifikation des bekannten FLEMMINGschen Gemisches („FLEMMING-BENDA"). Seine Zusammensetzung ist die folgende:

15 ccm 1%ige Chromsäure (Chromsäurekristalle in destilliertem Wasser gelöst),
4 ccm 2%ige Osmiumsäure (wie oben),
2 Tropfen Eisessig.[1]

Man gibt die Flüssigkeiten einfach zusammen, das Gemisch ist, wenn es gut verschlossen aufbewahrt wird (eingeschliffener Glasstöpsel!), unbegrenzt haltbar, und kann innerhalb gewisser Grenzen wiederholt verwendet werden; für die einzelne Fixierung ist nur eine geringe Menge nötig, da die Wirkung sehr kräftig ist. Von dem gewöhnlichen FLEMMINGschen Gemisch unterscheidet es sich durch den viel geringeren Gehalt an Essigsäure, die in Verbindung mit Osmium- und Chromsäure leicht Fixierungsartefakte (Gerinnsel, ungleichmäßige Schrumpfungen) hervorruft; auf den Zusatz von Essigsäure ganz zu verzichten ist nicht ratsam, weil die Essigsäure die Färbbarkeit günstig beeinflußt.

Die nötige Einwirkungsdauer beträgt im allgemeinen 10 Minuten; doch ist es empfehlenswert, bei behäuteten pflanzlichen Zellen eine Stunde oder länger zu fixieren, da die Objekte dadurch für die folgende Färbung und Einbettung widerstandsfähiger werden und keine nachträglichen Schrumpfungen erleiden. Kommt es nicht darauf an, gänzlich ungeschrumpfte Protoplasten zu erhalten (was bei Kernuntersuchungen meist der Fall sein wird), so kann man auf die lange Fixierungsdauer verzichten (Kerne, Chromosomen und Spindeln sind auf jeden Fall ausreichend gut erhalten).

4. Färbung

a) Vorbereitung

Nach der Fixierung wäscht man zuerst in Leitungswasser, dann in destilliertem Wasser aus. Man nimmt am besten das Deckglas samt Ausstrich mittels der Pinzette auf und schwenkt es in einer größeren Wassermenge, damit die oberflächlich haftende Fixierungsflüssigkeit entfernt wird. Hierauf legt man es in ein Blockschälchen mit destilliertem Wasser, läßt es darin etwa 5 Minuten und bringt es nochmals für 5 Minuten

---

[1] Andere Modifikationen sind LA COURS Gemische 2 B E, 2 B D und 2 B X, die verschiedene Mischungsverhältnisse aufweisen und dazu Kaliumbichromat und Saponin (zwecks leichterer Benetzbarkeit) enthalten.

in frisches destilliertes Wasser (bei besonders dicken Ausstrichen sind die Zeiten zu verlängern).

Nach dem Auswaschen kann mit der Färbung begonnen werden; doch ist es fast immer vorzuziehen, die Präparate vorerst für $^1/_2$ bis einige Stunden in 70%igem Alkohol einzulegen (die Überführung aus Wasser in hochprozentige Alkohole kann dank der vorzüglich härtenden Wirkung des OsO_4 ohne Gefahr direkt vorgenommen werden). Ohne Alkoholbehandlung färben sich nämlich in der Regel nur dichtes Chromatin, also Heterochromatin, und die maximal kontrahierten Chromosomen der mittleren Teilungsstadien, während die prophasischen Chromosomen wie auch die übrigen Zellbestandteile — besonders auch die Nukleolen — völlig ungefärbt (gelblich) bleiben. Diese „strenge" Färbung ist nur in wenigen Fällen erwünscht, z. B. dann, wenn man allein die heterochromatischen Geschlechtschromosomen in der meiotischen Prophase zur Darstellung bringen will; im allgemeinen wird eine „diffusere" Färbung, wie sie auch die üblichen Mikrotomschnitte aufweisen, vorzuziehen sein; diese wird durch die Alkoholbehandlung erreicht.

Vor der Färbung sind die Präparate etwa 10 Minuten in 3%iges Wasserstoffsuperoxyd zu bringen, um die durch OsO_4 hervorgerufene Bräunung oder Schwärzung zu beseitigen; in Fällen, wo die Bräunung des Plasmas, fettartiger Einschlüsse usw. nicht störend ist, kann man natürlich auf die Behandlung mit Wasserstoffsuperoxyd verzichten.

Als Farbstoffe kommen an sich sehr verschiedenartige, unter anderen auch das bekannte Eisenhämatoxylin nach HEIDENHAIN in Betracht; doch eignen sich für Ausstriche, die mit OsO_4 fixiert wurden, besonders die hier angegebenen weniger zeitraubenden Safranin-Lichtgrün- und Gentianaviolett-Färbungen.

b) Safranin-Lichtgrün

Herstellung. Man benötigt zwei getrennte Lösungen von Safranin und Lichtgrün. Als Safranin verwendet man am besten die Sorte „Safranin wasserlöslich" von GRÜBLER, aus der man eine gesättigte Lösung in Anilinwasser herstellt. Das Anilinwasser erhält man, indem man destilliertem Wasser soviel Anilin tropfenweise zusetzt, als sich bei kräftigem Schütteln löst (auf die genaue Konzentration kommt es nicht an). Statt der gesättigten wässerigen Safraninlösung kann man auch eine gesättigte Lösung von „Safranin alkohollöslich" in 96%igem Alkohol, die man zum Gebrauch mit der gleichen Menge Anilinwasser mischt, verwenden. Beide Lösungen sind nicht unbegrenzt haltbar.

Die Lichtgrünlösung stellt man her, indem man in 96%igem Alkohol soviel Lichtgrün löst, daß die Lösung in einer etwas 3 cm dicken Schicht dunkelgrün erscheint. Den geeigneten Grad der Konzentration findet man durch Ausprobieren; je konzentrierter die Lösung ist, desto kürzer kann man sie einwirken lassen; doch hat dies eine Grenze, da zu konzentrierte Lösungen sehr schnell färben, ohne das Safranin auszuziehen (vgl. den nächsten Abschnitt). Man versuche es also zunächst lieber mit verdünnteren Lösungen und behandle die Präparate entsprechend länger.

Anwendung. Die nach der Fixierung ausgewaschenen, mit Alkohol und eventuell Wasserstoffsuperoxyd behandelten Deckglasausstriche gelangen für etwa 10 Minuten in die Safraninlösung; vorteilhafterweise

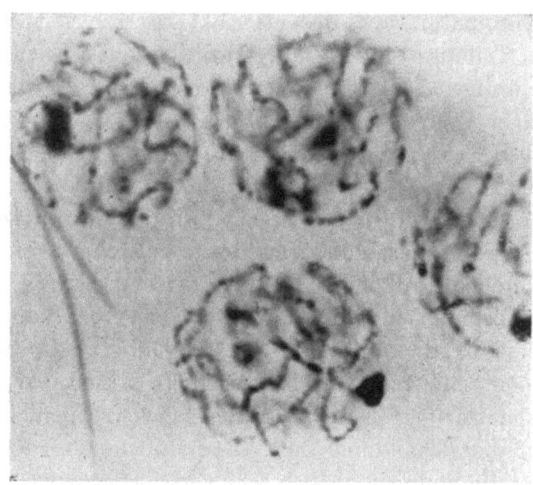

Abb. 11. Spermatocyten der Feldheuschrecke *Gomphocerus rufus* im Pachytän (die dunklen Körper sind die X-Chromosomen). — Ausstrich, FLEMMING-BENDA, Gentianaviolett, Kanadabalsam. — Photo.

verwendet man hierzu wie bei der folgenden Behandlung wieder Blockschälchen. Man spült dann die oberflächlich haftende Farbe kurz in destilliertem Wasser ab, taucht die Präparate kurz in 96%igen Alkohol und bringt sie schließlich in die Lichtgrünlösung, wo sie je nach deren Sättigung $1/4$ bis 1 Minute verbleiben. Die Lichtgrünlösung bewirkt einerseits die Differenzierung, d. h. zieht das Safranin soweit aus, daß nur Chromatin und Nukleolen (unter Umständen auch Pyrenoide, Membranen) rot gefärbt bleiben, andererseits färbt sie Plasma, Spindel, Centrosomen, Chromatophoren u. a. in verschiedener Stärke grün. Eine Kontrolle des Färbungsvorgangs unter dem Mikroskop fällt weg. Die Färbung bzw. Differenzierung unterbricht man, indem man die Präparate in 96%igem Alkohol abspült und dann in absoluten Alkohol legt.

Einbettung. Sobald die Präparate im absoluten Alkohol völlig entwässert sind, was meist wenige Minuten dauert, bringt man sie in Xylol, das den Alkohol entfernt, und montiert sie über reines

Xylol in einem Tropfen Kanadabalsam auf den Objektträger. Wenn sehr lange Haltbarkeit gewünscht wird, so verwende man neutralen Kanadabalsam oder „Caedax" (HOLBORN); der gewöhnliche Kanadabalsam reagiert sauer und zieht daher allmählich die Farbe aus, was sich aber meist erst nach mehreren Jahren unangenehm bemerkbar macht.

Da der sogenannte absolute Alkohol meist nicht ganz wasserfrei ist, empfiehlt es sich, zwischen ihn und Xylol eine Mischung von 1 Teil Alkohol und 1 Teil Xylol einzuschalten. Waren die Präparate zu wasserhaltig, so merkt man dies an dem Auftreten einer milchigen Trübung (Emulsion) beim Einbringen in Xylol. Die verwendeten Flüssigkeiten müssen von Zeit zu Zeit durch frische ersetzt werden.

c) Gentianaviolett nach GRAM

Gentianaviolett leistet im wesentlichen das gleiche wie Safranin-Lichtgrün, färbt aber manchmal — namentlich nach Räucherung — etwas distinkter. Auch fällt jede Differenzierung weg, die Färbung erfolgt zwangsläufig und kann „blind" durchgeführt werden.

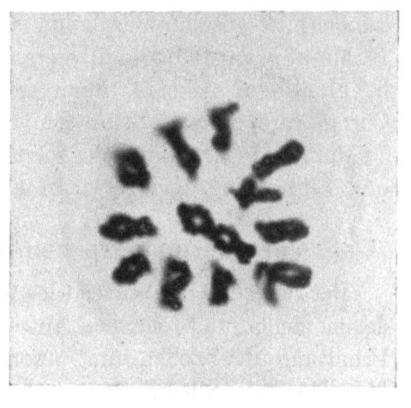

Abb. 12. Pollenmutterzelle in der I. Metaphase von *Lilium incomparabile*; präp. wie bei Abb. 11. — Photo.

Man verwendet entweder eine gesättigte Lösung von Gentianaviolett (GRÜBLER) in Anilinwasser (s. oben) oder ein Gemisch von 10 ccm gesättigter Lösung in 96%igem Alkohol und 100 ccm Anilinwasser. Außerdem benötigt man eine Jodjodkalilösung (300 g destilliertes Wasser, 2 g Kaliumjodid, 1 g Jod).

Man bringt die Präparate zunächst etwa 10 Minuten in die Gentianaviolettlösung, spült dann die Farbe oberflächlich in destilliertem Wasser ab und legt einige Minuten in Jodjodkali ein; hierauf wird das Jod in 96%igem Alkohol abgespült und das Präparat in reinem Alkohol solange behandelt (meist 1 bis 2 Minuten),[1] bis es keine Farbe mehr abgibt; weiterhin wird es über absoluten Alkohol und Xylol in Kanadabalsam eingeschlossen. Bei ungenügender Färbung ist die Einwirkungsdauer von Gentianaviolett und Jodjodkali zu verlängern. In gelungenen Präparaten sind nur das Chromatin und die Nukleolen, diese oft ziemlich blaß gefärbt, während das Plasma und seine Einschlüsse nicht oder kaum gefärbt erscheinen (Abb. 11, 12). Will man eine kräftige Plasma- oder Spindel-

---

[1] Dicke Stellen der Ausstriche halten die Farbe länger fest.

färbung erzielen, so taucht man die Präparate vor der Behandlung mit absolutem Alkohol in eine Lösung von Orange-G in absolutem Alkohol (die Lösung soll deutlich orangegelb gefärbt sein).

d) Modifikation der Gentianaviolett-Färbung

Die im folgenden geschilderte Modifikation (angegeben von BIZZOZERO) ist in „hartnäckigen" Fällen anzuwenden, wenn sich die Objekte nach Räucherung auf andere Weise nicht befriedigend färben lassen (was hin und wieder vorkommen kann).

Man färbt zunächst in Gentianaviolett, spült ganz kurz (etwa 5 Sekunden) in absolutem Alkohol ab, und bringt das Präparat für etwa 10 Minuten in Jodjodkali; hierauf behandelt man es 20 Sekunden lang in absolutem Alkohol, dann unmittelbar $^1/_2$ Minute lang in 1%iger Chromsäure, dann 15 Sekunden lang in absolutem Alkohol, und nochmals $^1/_2$ Minute in Chromsäure; es folgt dann Auswaschen in absoluten Alkohol und Einbettung über Xylol in Kanadabalsam.[1]

5. Vorteile und Grenzen der Osmiumtetroxydverfahren

Der wesentliche Vorteil des OsO_4-Verfahrens liegt, abgesehen von der einfachen und schnellen Anwendung, in der praktisch lebensgetreuen Erhaltung der Zellen, im besonderen der Kerne und Chromosomen (Abb. 1); mit Stückfixierung und Mikrotomtechnik lassen sich niemals auch nur annähernd so gute Ergebnisse erzielen. Dieser „Vorteil" ist allerdings nicht immer vorteilhaft; so führt z. B. bei der Analyse kleinster Chromosomen und Chromosomenteile die durch KE.-Behandlung hervorgerufene Quellung oft leichter zum Ziel.

Die gute Fixierung bewirkt auch, daß manche Strukturen nicht so auffallend zu sehen sind, wie es der Anfänger nach Abbildungen erwartet, und wie sie an schlecht, d. h. grob-gerinnselig fixierten Präparaten tatsächlich beobachtet werden können. So erscheint die Teilungsspindel wie im Leben homogen oder fast homogen (je deutlicher faserig sie erscheint, desto schlechter war die Fixierung!), die Ruhekerne sind homogen oder sehr gleichmäßig strukturiert (alle balkenförmigen und netzigen Strukturen — „Linin"-Fäden u. dgl. — sind Produkte schlechter Fixierung, Abb. 8), u. dgl. mehr.

---

[1] Nicht alle im Handel befindlichen Sorten von Gentianaviolett sind gleich gut brauchbar. Es wird daher oft Kristallviolett verwendet, nach NEWTON wie folgt: Färbung in 1%iger wässeriger Lösung — das Kristallviolett ist kochend zu lösen — 3 Minuten bis 1 Stunde; abspülen in dest. Wasser, dann Behandlung mit Jodjodkali (1 g Jod, 1 g Jodkali in 100 ccm 80%igem Alkohol) 30 bis 45 Sekunden lang, 4 bis 10 Sekunden in 95%igem Alkohol abspülen, in Nelkenöl etwa 30 Sekunden unter dem Mikroskop differenzieren, über Xylol einschließen.

Im übrigen wird man in Ausstrichen immer verschieden gut fixierte und gefärbte Zellen vor sich haben. An den dicken, mehrschichtigen Stellen sind die tieferliegenden Zellen meist schlecht erhalten und kaum oder nicht gefärbt; an den dünnsten Stellen, wo einzelne Zellen beim Ausstreichen isoliert wurden, treten als Folge der Eintrocknung Veränderungen ein. Waren die Zellen völlig eingetrocknet, so sind sie stark geschrumpft, deformiert und klumpig gefärbt, also für die Untersuchung verloren. Leicht ausgetrocknete Zellen zeigen dagegen infolge der Konzentrationserhöhung des Mediums bemerkenswerte Erscheinungen: bei einem bestimmten Grad der Austrocknung — die oft innerhalb derselben Zelle nicht gleichmäßig erfolgt —, erscheint die Matrix der Chromosomen verquollen, wobei die Chromosomenspiralen, die im Leben und bei lebensgetreuer Fixierung nur schwer erkennbar sind, außerordentlich deutlich sichtbar werden; man verwendet daher vielfach die teilweise Eintrocknung mit Absicht zur Untersuchung des Schraubenbaus der meiotischen Chromosomen in den Pollenmutterzellen (kurze Einwirkung von Ammoniakdämpfen auf die lebenden Ausstriche hat eine ähnliche Wirkung). Außerdem treten bei „richtiger" Eintrocknung auch die Spindelansätze begleitende Heterochromatine sehr deutlich als dunkel gefärbte Körper hervor. Man hat es auch in der Hand, durch Weglassen oder Abkürzen der Alkoholbehandlung nach der Fixierung solche Strukturen noch weiter zu verdeutlichen (sogenannte „strenge" Färbung, vgl. S. 23); auch die Färbbarkeit der Nukleolen kann man auf diese Weise verändern.

III. Die Nuklealquetschmethode nach Heitz

Die Nuklealquetschmethode vereinigt Vorteile der OsO_4-Fixierung (allgemein naturgetreue Fixierung) und der KE.-Behandlung (Untersuchungsmöglichkeit von Geweben ohne Herstellung von Mikrotomschnitten). Das Verfahren ist auf der Feulgenschen Nuklealreaktion aufgebaut, deren Wesen darin besteht, daß nach Hydrolyse in HCl und Färbung in fuchsinschwefeliger Säure allein das thymonukleinsäurehaltige Chromatin gefärbt erscheint. Die Behandlung in heißer HCl bewirkt gleichzeitig eine Mazeration junger Gewebe, so daß sich die Zellen durch Druck in dünner Schicht ausbreiten lassen.

Man fixiert Wurzelspitzen oder beliebige andere Meristeme 20 bis 30 Minuten in „Flemming-Benda" (S. 22). Sind die Objekte zu groß, um ein gutes Eindringen des Fixierungsmittels zu gestatten, so müssen sie in kleinere Stücke zerlegt werden. Nach der Fixierung gelangen sie unmittelbar in auf 60° erwärmte n/1-HCl, die auf dieser Temperatur gehalten wird, und verbleiben hier 10 bis 30 Minuten (man bedient sich am besten kleiner mit HCl gefüllter Tuben, die im Wasserbad erhitzt werden). Hierauf werden die Objekte in eine Schale mit Wasser ausgeschüttet und von hier aus in ein gut verschließbares Gefäß (Stöpselgläschen, Dosen mit durch Fett oder Vaseline abgedichtetem Deckel) mit fuchsinschwefeliger Säure[1] gebracht. Die Färbung ist nach etwa 30 Minuten vollzogen; längere Einwirkung ist ohne Nachteil.

Die Untersuchung kann unmittelbar erfolgen, indem man die Objekte auf einem Objektträger in einem Tropfen 45%iger Essigsäure unter dem Deckglas flachdrückt, d. h. die Zellen in dünner Schicht ausbreitet. Zu dicke Objekte sind vorher entsprechend zu zerteilen. Will man Dauerpräparate herstellen, so verdrängt man die Essigsäure mit 96%igem Alkohol, löst das Deckglas ab und überträgt über absolutem Alkohol und Xylol in Kanadabalsam oder „Caedax".

Durch Änderung der Aufenthaltszeit in HCl und fuchsinschwefeliger Säure lassen sich verschieden starke Färbungen erzielen. Bei richtiger Ausführung sind allein die Chromosomen bzw. die entsprechenden Teile der Ruhekerne rotviolett gefärbt.

IV. Untersuchungsobjekte
1. Vorbemerkungen

Vor jeder Untersuchung ist zu bedenken, daß man es mit Lebewesen zu tun hat, die mannigfachen inneren und äußeren Bedingungen unterworfen sind und entsprechend auf sie reagieren. In Pflanzen, die unter Trockenheit zu leiden haben, sucht man vergeblich nach Mitosen; man muß also, falls nötig, einige Stunden vor der Untersuchung gießen. Den Ablauf der Pollenreifung suche man im Freiland nicht an heißen Nachmittagen, sondern am Morgen oder bei Regenwetter. Ganz allgemein gilt, daß sich das Objekt in einem guten Lebenszustand befinden muß, wenn man reichlich Teilungen finden will.

Zur sicheren Feststellung der Chromosomenzahl eignen sich meistens nur: Polansichten von Metaphaseplatten und das späte Stadium der meiotischen Prophase (Diakinese), während welchem die Chromosomen — in diesem Fall Chromosomenpaare in haploider Anzahl — in weiten Abständen an der Kernperipherie liegen. Die charakteristischen Gestaltunterschiede der Chromosomen sind nur in somatischen Mitosen klar erkennbar. Bei Blütenpflanzen untersucht man vorteilhafterweise die auf die Meiose folgende erste haploide Mitose im Pollenkorn (Abb. 4).

---

[1] Herstellung: 1 g zerriebenes Fuchsin in 200 ccm heißem dest. Wasser lösen; nach Abkühlung auf 50° in gut verschließbare Flasche filtrieren und 20 ccm n/1-HCl zusetzen; auf 25° abkühlen und 1 g Natriumbisulfit puriss. lösen. Nach 24stündigem Stehen bei Zimmertemperatur ist die Lösung, die farblos oder gelblich sein muß, gebrauchsfertig; sie ist gut verschlossen im Dunkeln aufzubewahren. Alte Lösungen, die sich rot verfärbt haben, sind unbrauchbar.

Zur Untersuchung des Chromomerenbaus sind die mittleren Stadien der Meiose (Pachytän) zu verwenden (Abb. 3, 7, 11). Bei den Dipteren stehen die Riesenchromosomen zur Verfügung.

Die Meiose untersucht man bei Tieren am besten an der Spermatogenese (Abb. 7), bei Pflanzen an der Pollenreifung (Abb. 3), da die Untersuchung der Eireifung bzw. Embryosackbildung infolge der geringeren Zahl gleichzeitig sich entwickelnder Zellen und auch aus technischen Gründen mühsamer und zeitraubender ist (Ausnahme: die Embryosäcke der Orchideen und mancher Ericaceen).

Im folgenden sind einige besonders geeignete Objekte zusammengestellt. Selbstverständlich gibt es auch viele andere!

2. Höhere Tiere

a) **Mitose.** Feldheuschrecken, häufige Arten von *Stenobothrus*, *Psophus* und anderer Acrididen; ältere Larven und Imagines stehen meist von Mai bis Oktober zur Verfügung. Man untersucht die spermatogonialen Mitosen oder die Mitosen im Ei-Follikelepithel, im ersten Fall in Zupf- und Quetschpräparaten, im zweiten in Zupfpräparaten bzw. an ganzen freipräparierten Eischläuchen, wobei die ältesten zu dicken Eier und Eikammern zu entfernen sind. Die Chromosomen sind groß, zeigen auffallende Form- und Größenunterschiede und liegen in der Spindel locker; die Männchen führen ein X-Chromosom, die Weibchen zwei X-Chromosomen.

Triton, Salamandra. Man untersucht den Saum der Schwanzflosse von Larven (im Frühjahr in Tümpeln); AE., KE., Totalpräparate. Die Chromosomen sind groß und lang, aber in so hoher Zahl (24) vorhanden und so dicht gelagert, daß die Zählung schwierig ist.

Asplanchna priodonta. Dieses verbreitete, auch in kleinen Tümpeln besonders im Frühjahr und Herbst häufige Rädertier ermöglicht infolge seiner Durchsichtigkeit ohne weitere Präparation in AE.-KE.-Präparaten die Eifurchungsmitosen zu untersuchen. Die diploide Chromosomenzahl beträgt 16, in haploiden, zu Männchen sich entwickelnden Eiern, die Hälfte.

Cyclops-Arten lassen sich ähnlich wie *Asplanchna* verwenden. Doch stört manchmal der reichliche Dotter. Während der ersten Furchungsteilungen bleiben väterlicher und mütterlicher Chromosomensatz getrennt (Gonomerie).

An Dipterenlarven (*Culex, Chironomus* u. a.) untersucht man in Zupf- und Quetschpräparaten die Mitosen im Gehirnganglion (sehr wenige — sechs oder acht —, aber sehr kleine Chromosomen, die im übrigen somatische Paarung zeigen).

b) **Meiose.** Feldheuschrecken. Ausstriche oder auch Zupf- und Quetschpräparate der Hodenschläuche. In der späten Prophase besonders deutliche Chiasmen. Das X-Chromosom ist in der meiotischen Prophase an seiner stärkeren Färbbarkeit (Abb. 11), in der I. Metaphase an seiner Unpaarigkeit leicht und auffallend erkennbar; es wird in der I. Anaphase ungeteilt dem einen Tochterkern zugewiesen, in der II. Anaphase des betreffenden Kerns geteilt. — Geeignete Stadien in älteren Larven oder in Imagines von Mai bis Oktober (bei verschiedenen Arten und klimatisch bedingt zu verschiedenen Zeiten).

Wanzen. Ausstriche des Hodeninhalts oder Zupf- und Quetschpräparate. Infolge ihrer gedrungenen Gestalt ordnen sich die Chromosomen völlig eben in die Äquatorialplatte ein und sind daher sehr leicht zählbar. Alte Larven oder Imagines mit den geeigneten Stadien stehen bei vielen Arten im Herbst oder noch im ersten Frühjahr zur Verfügung. Besonders zu empfehlen: *Lygaeus*-Arten (Ritterwanze) auf Wiesen, auch im Winter an besonnten Stellen anzutreffen; Chromosomenformel: $6 + X + Y$ (Abb. 7); X und Y sind die Geschlechtschromosomen, sie liegen in der I. Metaphaseplatte zentral nebeneinander und teilen sich jedes in der I. Anaphase; in der II. Metaphase sind die X- und Y-Spalthälften gepaart. — Die Wasserläufer (*Gerris*-Arten) besitzen im männlichen Geschlecht nur ein X-Chromosom (kein Y-Chromosom), das sich in der I. Anaphase spaltet, während die Spalthälfte in der II. Anaphase einem Spindelpol, und zwar verspätet, zugeteilt wird. Auch viele andere Wanzen (Blattwanzen, Lederwanze *Syromastes*) sind gut verwendbar.

3. Höhere Pflanzen

a) **Mitose.** Wurzelspitzen der Küchenzwiebel (*Allium cepa*), durch Austreibenlassen in Wasser beschaffbar (3 bis 6 Tage vor der Verwendung ansetzen!), auch Tulpen, Hyazinthen u. a. Liliaceen. Chromosomenzahl meist $2n = 16$, Chromosomen sehr lang, Teilungsfiguren daher oft nicht sehr übersichtlich. Kochmethode oder Handschnitte. — Wurzelspitzen der Saubohne (*Vicia faba*). Chromosomenzahl $2n = 12$, darunter ein Paar leicht erkennbare Chromosomen mit auffallender sekundärer Einschnürung. Kochmethode oder Handschnitte. — Wurzelspitzen oder Vegetationspunkte (auch von Blütenknospen) von *Crepis capillaris* (= *virens*); gemeines Unkraut, wenn nicht im Freiland auffindbar, verschaffe man sich aus einem botanischen Garten die leicht keimenden Früchte. Chromosomen kleiner als bei den vorigen, aber in der niedrigen Zahl $2n = 6$ vorhanden und an ihren Bauunterschieden leicht identifizierbar! Kochmethode. — Junge Blütenhüllblätter vom Maiglöckchen, von Lilien, *Tradescantia* u. a. Das Teilungsgewebe befindet sich an der Basis der Blätter! Infolge ihrer Dünne können ganze Blätter in AE.-KE. untersucht werden. — Haploide erste Mitose im Pollenkorn von *Allium*, *Lilium*, *Paris* u. a. (Abb. 4); Ausstriche oder Antheren-Zupfpräparate.

b) **Meiose.** Pollenmutterzellen-Ausstriche oder -Zupfpräparate von *Allium, Lilium, Paris* u. a. Liliaceen. Die Meiose erfolgt bei vielen Arten vor oder während der Laubentfaltung in den noch ganz jungen Blütenknospen. Die Teilungen gehen lange Zeit im Zimmer weiter, wenn die Blüten- oder Blütenstände gleich nach dem Abschneiden in Wasser gestellt werden. Große, lange Chromosomen mit zahlreichen Chiasmen! In der I. Metaphase meist deutliche Großspiralen (Abb. 10)!

Die Meiose vor der Embryosackbildung läßt sich gut an einheimischen Orchideen untersuchen. Man schneidet den Fruchtknoten einer entsprechend alten abgeblühten Blüte (der Embryosack entwickelt sich bei den Orchideen erst nach der Bestäubung) quer durch, entnimmt mit Nadel oder Pinzette ein Häufchen der zahlreichen, winzig kleinen Samenanlagen, fixiert mit AE. und verteilt sie unter „Umrühren" in einem KE.-Tropfen; vor Auflegen des Deckglases entfernt man etwaige Plazentabrocken, die das Präparat zu dick machen würden. Die Samenanlagen selbst zerdrückt man nicht, sondern beobachtet sie unverletzt; sie bestehen in diesem Stadium nur aus ganz wenigen Zellen; die Makrosporenmutterzelle, in der die Meiose abläuft, ist von einer einzigen Schicht dünner Nuzelluszellen überdeckt, die Integumente sind noch kaum entwickelt, so daß das Objekt sehr durchsichtig erscheint. Die meiotischen Chromosomen sind fast kugelig, ziemlich klein und meist in höherer Zahl vorhanden. — *Melandryum album* und *rubrum* besitzen einen Geschlechtschromosomenmechanismus. Der diploide Satz der männlichen Pflanzen ist $22 + X + Y$, der der weiblichen $22 + X + X$. In Pollenmutterzellen (Ausstriche oder Zupfpräparate) läßt sich an Seitenansichten der I. Meta- oder Anaphase leicht das XY-Paar an seiner bedeutenden Größe und der Ungleichheit seiner Partner erkennen; das Y-Chromosom ist das größere, das X-Chromosom das kleinere.

4. Protisten

Großzellige Arten der Grünalgengattung *Oedogonium*. Die grünen Watten findet man am Ufer stehender Gewässer fast zu allen Jahreszeiten. Befindet sich das Material in schlechtem Wachstumszustand und enthält es daher keine Teilungen, so bringt man die Watten möglichst aufgelockert in Nährlösung, die man so herstellt, daß man zu 1 l Standortswasser eine Messerspitze Zigarettenasche zusetzt. Man stellt die „Kultur" im hellen Licht, aber nicht im Sonnenlicht auf. Je nach dem Lebenszustand des Ausgangsmaterials treten nach ein bis wenigen Tagen Teilungen auf (die sich schon im Leben leicht an der Membranringbildung erkennen lassen). Die Mitosen erfolgen meist in den Morgen- und frühen Vormittagsstunden. Die Chromosomen sind groß und langgestreckt, ihre Zahl, die sich meist infolge gegenseitiger Verdeckung in der allein zur Verfügung stehenden Seitenansicht nicht leicht feststellen läßt, beträgt meist 17 (die Alge ist ein Haplont). Die Untersuchung erfolgt unmittelbar in KE. oder nach Fixierung in AE. in erwärmter KE.

Ähnlich wie *Oedogonium* lassen sich die häufigen Grünalgen *Cladophora* und *Rhizoclonium* verwenden (Abb. 2). Die Zellen sind vielkernig! Die Chromosomen liegen meist sehr dicht, so daß Zählungen mit einfachen Mitteln kaum durchführbar sind; bei den meisten Arten beträgt die (haploide) Chromosomenzahl 12 oder 24 (bei der häufigen *Cladophora glomerata* aber $\pm\,72$).

Bei Euglenaceen, Dinoflagellaten, Diatomeen u. a. lassen sich durch einfaches Einlegen in KE. die Ruhekerne deutlich sichtbar machen; ebenso die Groß- und Kleinkerne der Ciliaten. Die Mitosen sind aber meist zu klein oder zu unübersichtlich, um leicht untersucht werden zu können (bei den Ciliaten herrschen sehr komplizierte, noch kaum aufgeklärte Verhältnisse). — Viele andere Protisten, z. B. die meisten kleinzelligen Amöben, aber auch die höheren Pilze, bauen in ihren Ruhekernen die Nukleinsäure weitgehend ab, so daß sie sich mit KE. nicht bzw. nicht distinkt färben. In solchen Fällen kann man, falls der Kern — wie häufig — nicht schon im Leben erkennbar ist, verdünnte Jodjodkaliumlösung zusetzen, wobei infolge der steigenden Lichtbrechungsunterschiede und durch die Gelbfärbung des Nukleolus und der Kernwand der Kern als solcher deutlicher wird.

Anhang: Lebenduntersuchung

Abgesehen von ihrer Wichtigkeit bei besonderen Problemstellungen ist die Lebenduntersuchung oft zum Vergleich der Fixierungsbilder mit den vitalen Strukturen erwünscht. Ohne auf alle Einzelheiten und technischen Möglichkeiten eingehen zu können, sei hier das Wichtigste über die allgemeine Untersuchungsweise mitgeteilt.

Von vornherein muß man sich bewußt sein, daß man an lebenden Kernen und Chromosomen keine Färbungs-, sondern Lichtbrechungsunterschiede beobachtet. Es ist deshalb auch kein Beweis gegen die vitale Existenz einer Struktur des fixierten Präparates, wenn sie an der lebenden Zelle nicht beobachtet werden kann; sie kann tatsächlich vorhanden sein, aber infolge gleicher Lichtbrechung wie die Umgebung sich der Beobachtung entziehen. Da die Lichtbrechungsunterschiede im allgemeinen nicht groß sind, ist beste Optik und entsprechende Übung im Beobachten nötig.

Einzeller und kleine Organismen erlauben die Lebendbeobachtung der Kerne und Mitosen ohne besondere Präparation. Man untersucht sie einfach im natürlichen Medium (niemals verwende man destilliertes Wasser!). Dies gilt für Flagellaten, Algen, Ciliaten, Rädertiere (Abb. 13) u. a. Es ist aber nötig, darauf zu achten, daß die Beobachtung nicht so lange durchgeführt wird, bis Schädigungen durch Erwärmung, Sauerstoffmangel usw. eintreten. Selbstverständlich bediene man sich völlig reiner Objektträger, Deckgläser, Präpariernadeln usw.; Druck durch das Deckglas ist zu vermeiden. Bei besonders empfindlichen Organismen

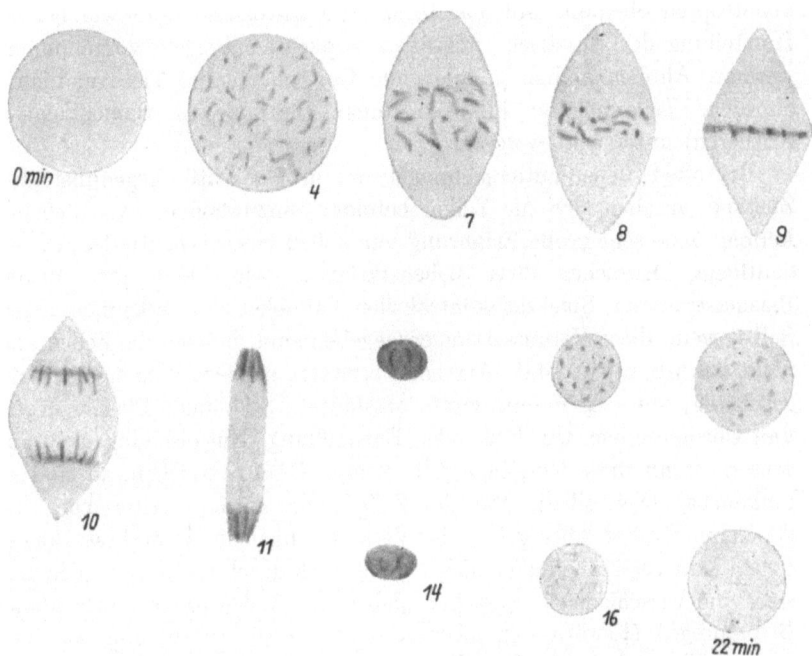

Abb. 13. Mitose während der Eifurchung des Rädertiers *Asplanchna priodonta*, fortlaufend im Leben beobachtet; links oben Ruhekern, rechts unten die beiden jungen Tochterkerne; die Ziffern bedeuten die Minuten (bei 9 Metaphaseplatte).

beobachtet man im Hängetropfen; doch leidet dadurch die optische Auflösung, so daß man nur in zwingenden Fällen von diesem Verfahren Gebrauch mache.

Bei vielzelligen größeren Organismen untersucht man am besten Teile, die ohne tiefergreifende Verletzung präpariert werden können, also bei Pflanzen zwecks Beobachtung der Mitose Haare, Narbenpapillen usw., die mit dem ganzen anhängenden Gewebe oder Organ (z. B. Staubfaden) unter das Mikroskop gelegt werden können. Um die Austrocknung während der Beobachtung zu verhindern, untersucht man in Paraffinöl (Paraffinum liquidum), das völlig indifferent ist (wässerige Lösungen, z. B. von Zucker, muß man erst durch Ausproben isotonisch machen, was meist langwierig ist). An das durch die hohe Lichtbrechung des

Paraffinöls hervorgerufene befremdliche Aussehen des Zellinhalts muß man sich „gewöhnen".

Pollenmutterzellen, Pollenkörner und Spermatozyten untersuche man in der Körperflüssigkeit, also im Antheren- oder Hodensaft; zur Verhütung von Eindickung oder Eintrocknung umgebe man den Flüssigkeitstropfen ebenfalls mit Paraffinöl; die Entnahme muß wie bei der Herstellung der Ausstriche mit allen Vorsichtsmaßregeln vorgenommen werden. Ähnlich können überlebende Gewebe höherer Tiere und nicht zu dicke Teile höherer Pflanzen (junge Blattanlagen, Samenanlagen, Antheren) untersucht werden.

Bei allen Lebenduntersuchungen ist große Kritik gegenüber dem Zustand, in dem sich die Zellen befinden, anzuwenden. Als „lebend" können ohne sehr große Erfahrung nur Zellen betrachtet werden, die ein deutliches Anzeichen ihrer Lebenstätigkeit, wie Ablauf der Mitose, Plasmaströmung, Spiel der kontraktilen Vakuolen usw., erkennen lassen. Selbst wenn diese Voraussetzungen gegeben sind, müssen die Zellen aber nicht das normale vitale Aussehen besitzen, sondern können intravital geschädigt sein (sogenannte vitale Artefakte). So können Plasma, Kerne und Chromosomen Quellung oder Entquellung, Entmischung usw. aufweisen; wenn diese Vorgänge nur geringe Grade erreichen, so sind sie umkehrbar (reversibel), und die Zelle kann normal weiterleben. Bei stärkeren Graden aber gehen die Veränderungen in Absterbestrukturen über. Man versäume daher nicht, wenigstens durch einige rohe Versuche sich vom verschiedenen Aussehen „lebender" Zellen unter verschiedenen Bedingungen (Erwärmung, mechanischer Druck, Ansäuerung) zu überzeugen. Besonders von der Wirkung des mechanischen Drucks, der sich als Vakuolisierung des Plasmas und „Glasigwerden" der Kerne kundgibt, und der oft unabsichtlich beim Präparieren oder Auflegen des Deckglases sich geltend macht, erwerbe man sich eine klare Vorstellung. Das eigentliche Absterben unter Gerinnung wird allgemein an der Verdeutlichung der Strukturen infolge steigender Lichtbrechungsunterschiede bemerkbar; Höfe um Nukleolen und faserige Spindeln sind immer ein untrügliches Anzeichen des eingetretenen Todes. Durch Zusatz stark verdünnter Säuren (z. B. Essigsäure) vom Deckglasrand her kann man die während des Absterbens eintretende Gerinnung unmittelbar unter dem Mikroskop verfolgen.

Geeignete Objekte. Man begnüge sich zunächst mit einer kurzfristigen Untersuchung, d. h. verfolge durch einige Minuten hindurch den Ablauf; am vorteilhaftesten ist es, eine Metaphase einzustellen und das Auseinanderwandern in der Anaphase zu beobachten. Die Anaphase dauert wenige Minuten, die gesamte Mitose im allgemeinen 1 bis 2 Stunden.

Ohne besondere Vorsichtsmaßregeln lassen sich die sehr schnell ablaufenden Mitosen während der Eifurchung von *Asplanchna* untersuchen (Abb. 13); es ist nur darauf zu achten, daß das Tier unter dem Deckglas überhaupt einige Zeit ungeschädigt am Leben bleibt (nicht zu hohe Temperatur, Zusatz frischen Wassers vom Deckglasrand her!).

Spermatocyten von Feldheuschrecken (vgl. S. 29). Untersuchung im Hodensaft; große Schonung und schnelles Präparieren nötig! Man lege am Rand Deckglassplitter unter, um zu starken Druck des Deckglases zu vermeiden und dichte mit Paraffinöl ab, um Verdunstung zu verhindern (Abb. 1).

Staubfadenhaare von *Tradescantia*. Großwüchsige Arten aus botanischen Gärten (*virginica*, *reflexa* u. a.). Man präpariert aus jungen Blütenknospen die Staubfäden frei und untersucht die am Filament sitzenden mehrzelligen Haare. Mitosen laufen nur ab, solange die Haarzellen noch zylindrich sind; sind sie tonnenförmig, so ist das Haar schon zu alt. Untersuchung in einem indifferenten Öl (Olivenöl, Paraffinöl) oder in 2- bis 3%iger Rohrzuckerlösung. Man verwende, um die Präparationszeit abzukürzen und Austrocknung zu vermeiden, ganze Staubfäden; das Präparat wird dadurch freilich so dick, daß man nur die obersten, deckglasnahen Zellen zur Untersuchung verwenden kann, Chromosomenzahl 2 n = 12 oder 24.

Junge Blütenhüllblätter (Basis und basaler Rand) von *Tradescantia*, *Allium*, Maiglöckchen; Federnarben von Gräsern (z. B. *Arrhenatherum elatius*); Samenanlagen von Orchideen (vgl. S. 31), von *Monotropa*, *Pirola*. Untersuchung möglichst unverletzter Abschnitte in Paraffinöl. Bei *Monotropa* und *Pirola* kann man auch leicht die ersten Endospermteilungen untersuchen!

Pollenmutterzellen von *Allium*, *Lilium* u. a. Liliaceen. Untersuchung im Antherenschleim bzw. in Öl. Große Schonung und Schnelligkeit beim Präparieren nötig!

Ruhekerne können an allen entsprechend durchsichtigen und schonend präparierten Objekten untersucht werden. Unter den Algen sind besonders die großzelligen *Spirogyra*-Arten günstig; in den frühen Morgenstunden lassen sich auch die Mitosen leicht verfolgen.

Beschluß

Eine technische Anleitung kann zunächst nur die Theorie und die Kenntnis der wesentlichen Grundzüge des Arbeitsganges vermitteln. Die Hauptsache bei der Anwendung ist Übung und eigene Erfahrung. Durch beide wird man in die Lage versetzt, in schwierigeren Fällen die Verfahren zweckmäßig abzuändern und erfinderisch den besonderen Umständen anzupassen. Vorangestellt sei immer das lebendige Ziel der Untersuchung, nicht die tote Schönheit des Präparates.

MIX
Papier aus verantwortungsvollen Quellen
Paper from responsible sources
FSC® C105338

If you have any concerns about our products,
you can contact us on
ProductSafety@springernature.com

In case Publisher is established outside the EU,
the EU authorized representative is:
**Springer Nature Customer Service Center GmbH
Europaplatz 3, 69115 Heidelberg, Germany**

Printed by Libri Plureos GmbH
in Hamburg, Germany